心向理想的方向，让自己发光发亮

陈国华 ◎ 编著

中国纺织出版社有限公司

内 容 提 要

人生苦短，须臾即逝。每个人心中都梦想，都有向往的"诗和远方"，大多数人只耽于空想，没有付出实践。很多事如果现在不做，一辈子可能都做不了了。我们每个人都应该趁着年轻去闯荡，去过酣畅淋漓的生活，去做让自己一生无悔无憾的事，去过一个发光发亮的人生。

这是一本写给心存理想却缺乏勇气的人的心灵激励书，它能给人力量、促人奋斗，本书告诉我们，成功需要勇气，需要胆量，只有为理想奋力一搏，才不会辜负生命的意义。只有敢于闯荡，才能成就辉煌的人生。

图书在版编目（CIP）数据

心向理想的方向，让自己发光发亮／陈国华编著．--北京：中国纺织出版社有限公司，2023.2
ISBN 978-7-5180-9560-5

Ⅰ.①心… Ⅱ.①陈… Ⅲ.①人生哲学-通俗读物 Ⅳ.①B821-49

中国版本图书馆CIP数据核字（2022）第092428号

责任编辑：赵晓红　　责任校对：高　涵　　责任印制：储志伟

中国纺织出版社有限公司出版发行
地址：北京市朝阳区百子湾东里A407号楼　邮政编码：100124
销售电话：010—67004422　传真：010—87155801
http://www.c-textilep.com
中国纺织出版社天猫旗舰店
官方微博 http://weibo.com/2119887771
三河市延风印装有限公司印刷　各地新华书店经销
2023年2月第1版第1次印刷
开本：880×1230　1/32　印张：7
字数：116千字　定价：39.80元

凡购本书，如有缺页、倒页、脱页，由本社图书营销中心调换

前言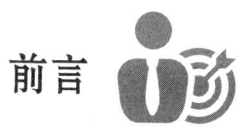

我们每个人都心存梦想，都有自己向往的"诗与远方"。然而，在追求理想的道路上，成功的只有少部分人，大部分人都失败了。成功者之所以成功，原因有很多，但其中重要的一点是他们有胆量，他们始终坚持自己的理想，为梦想勇往直前；而失败者，他们在开始时也都满怀理想，但在社会上打拼几年后，越发胆怯，越发力不从心。于是，在获得了一份稳定的工作之后，往往就会在时间的消耗下失去进取的锐气，无奈地满足于眼前的一切。

然而，这样"安稳"的生活真是你想要的吗？相信大部分人的回答是否定的，他们也想为梦想奋斗。然而，他们也只是想想，真正需要实践的时候，他们就退缩了。胆量是使人从优秀迈向卓越的最关键的一步。现代社会，不敢冒险就是最大的冒险。没有超人的胆识，就没有超凡的成就。勇于尝试，勇于走心中向往的那条路，这样，你就有了做第一个成功者的机会。那些在取得了一点成就后就安于现状、求稳的人，最终，只能陷于平庸。

的确，成功的另外一面就是失败，不少人会产生疑问，万一失败了呢？而正是因为这样的担忧，人们在执行自己的目标与想法前，也可能会产生各种顾虑，于是迟疑不定。他们开始恐惧，左思右想，最终被恐惧扰乱心境而不敢执行。在任何一个领域里，不努力去行动的人，就不会获得成功。

现在的你，可能小有成就，可能是某个领域内的"专家"，可能已经衣食无忧，过上了在外人看来安稳的生活，但你不能就此停滞不前，激烈的竞争要求你不断进步，而求知与不满足是进步的第一要素。生命有限，维系成功的唯一法门在于不断地努力，在新的方向不断探寻、适应以及成长，这样，你将步入新的高度。

现在的你，可能还是不知道从何处努力和入手，还是找不到方向，而本书可以帮助你找到方向、获得力量。它并不以空洞的激励为主，而是贴近生活，贴近心灵，帮助你在灯红酒绿的社会中找到自己的位置、唤醒自己的梦想。相信阅读完本书，你会获得力量，会找到奋斗的方向，最终驾驭自己的人生，让自己的人生发光发亮！

编著者

2022年10月

目录

第一章 保持斗志，敢于开拓出自己的人生天地 ‖001

富有创新精神，开拓出属于自己的世界 ‖002

在思考中找到前进的方向 ‖004

播撒激情，让生命遇到更多风景 ‖007

只要你敢想敢做，就没有什么不可能 ‖010

决心有多大，你就能走多远 ‖014

唯有改变，梦想才有实现的可能 ‖018

书写你自己的人生，不要成为他人的翻版 ‖021

第二章 逐渐完善自我，用自己的方式实现人生价值 ‖025

走自己的路，坚持自己的节奏 ‖026

勇于尝试，不断完善可以改进的地方 ‖029

不断提升和完善自己，才能彰显出自己的实力 ‖031

选择最适合自己的方式，实现自己的人生价值 ‖035

迎接挑战，让自己变得越来越强大 ‖038

完善自我，就是不断克制人性弱点 ‖041

在反思中提升和完善自我 ‖043

第三章　锻炼意志力，美好人生从善于自控开始　‖047
　　　　有效地控制自身，把握好自我发展的主动权　‖048
　　　　过于依赖他人，你的人生就失去了控制　‖050
　　　　控制自己的"玩"心，享乐只会让你不断沉沦　‖054
　　　　驾驭你的思维，远离冲动　‖057
　　　　人最大的敌人是自己，想成功先自控　‖060
　　　　无法控制懒散和惰性，只能白白浪费生命　‖064
　　　　摆脱"无力拒绝症"，掌控自己的时间与精力　‖068
　　　　自信，是自控的起点　‖073

第四章　高效做事，培养执行力是让梦想开花的唯一途径　‖077
　　　　立即去做，你的想法才能实现　‖078
　　　　拒绝拖延，督促自己高效率地解决问题　‖081
　　　　做好时间规划，让每一步走得更从容　‖084
　　　　在精力最佳时间做最重要的事情　‖087
　　　　紧迫感是时间管理的动力　‖092
　　　　永远要保证自己在做重要的事　‖096
　　　　不做无头苍蝇，拒绝毫无成效地瞎忙　‖099

第五章　制定目标，所有的成功都起始于明确的目标　‖103
　　　　目标明确，做事才有方向　‖104
　　　　明确的目标是努力的依据　‖108

跟随目标，步步为营 ‖110

为自己树立榜样，以成功者为目标 ‖113

实现梦想别无他法，只有脚踏实地 ‖117

心有方向，理想才有实现的可能 ‖118

学会计划，才能从容不迫地应对外界干扰 ‖121

切割你的梦想，一步步走向成功 ‖124

第六章 火眼金睛，善于识别与把握时机是成功的关键 ‖129

机会永远青睐于有准备、有把握的人 ‖130

创造机遇，机会不会白白等着你 ‖134

抓住机会，创造机会 ‖138

机会不是等来的，而是自己找出来的 ‖142

找到最适合自己的道路 ‖143

"创造条件"，需要你给出切实的行动 ‖146

第七章 不惧失败，唯有经历挫折才能变得更优秀 ‖149

勇敢尝试，别因失败而裹足不前 ‖150

正视挫折，以苦难为养分 ‖152

先接纳失败，才能重新起航 ‖155

挫折不可怕，可怕的是向挫折妥协 ‖158

突破"心理高度"，不给自己设限 ‖160

迎难而上，才是面对失败应有的态度 ‖162

保持积极向上的良好心态，才有可能获得成功 ‖165

第八章　解放思维，用与众不同的思维模式成就自己 ‖171
　　　　独辟蹊径，创新思维引领你进入成功新天地 ‖172
　　　　思想的高度，决定了人生的高度 ‖176
　　　　保持理智，对于"马路消息"要有辨识力 ‖179
　　　　突破思维定式，给自己的思维解绑 ‖182
　　　　敢于质疑，在质疑中寻求突破 ‖185
　　　　思考是打开成功大门的钥匙 ‖188
　　　　适当变通，放弃有时候才有新的开始 ‖191

第九章　找到做事诀窍，你就有了点石成金的能力 ‖195
　　　　一个好点子可以让物品升值 ‖196
　　　　调动你的大脑，才有可能产生好的想法 ‖199
　　　　快人一步，抢占行业的先机 ‖202
　　　　成功要巧于"借力"，精于"借智" ‖205
　　　　抓住主要矛盾，解决重点问题 ‖208
　　　　关键时刻亮出底牌，往往能事半功倍 ‖210

参考文献 ‖215

第一章

保持斗志，敢于开拓出自己的人生天地

富有创新精神，开拓出属于自己的世界

在这个世界上，有许多未知的领域，那些人们尚未触碰到的地方其实就是展现自我的平台。不要总是觉得自己是微不足道的，不要总是觉得自己一无是处，只要我们保持斗志，我们就可以开拓出属于自己的一片天地。因为一切都是由我们自己主宰的，就等着我们去开拓。巴菲特相信自己一定可以成为一个投资家，结果他就真的成了一个成功的投资家。

2011年10月5日，苹果公司的创始人史蒂夫·乔布斯在家人的陪伴下走完了他传奇的一生。那个从小就发誓要"颠覆宇宙"的人，后来真的实现了自己的梦想，因此他可以自豪地说："我就是人生的开拓者。"

乔布斯于1976年创办了苹果公司，并且创造出了世界首台个人电脑"苹果Ⅰ"，开启了个人电脑的革命。而1977年他又发布"苹果Ⅱ"，并且使之成为当时影响最大的一台个人电脑。

在超过30年的职业生涯中，乔布斯改变了硅谷，也改变了世界。他帮助硅谷这一气氛慵懒的"大农村"变为科技行业的创新中心。可以说，乔布斯奠定了当代科技行业的基础。乔布斯已经证明，产品的良好设计比技术本身更重要，他改变了笔

记本电脑、消费电子和数字媒体行业。他通过出众的广告宣传和独特的零售商店来推广以及销售产品，而苹果则同时成为流行文化的偶像。

假如问他的什么品质最令人佩服的话，那就是创新与不断开拓进取的精神。从平板电脑到液晶电脑，从iPod系列再到iPhone系列，这当中的一切都是他不断实践与创新的结果。

我们所生活的世界是多姿多彩的，每时每刻都在改变着。在远古时代，文字的发明使信息可以更长久、准确地留存。造纸术的改进使知识记录和传播的难度降低。而互联网的发展使世界变得更小了。

就在下一刻，世界或许会因为你我的发现而发生翻天覆地的变化，这是丝毫不应当怀疑的。当我们怀着坚持不懈的心与创新精神，积极地去发现和创造新事件的时候，世界将会因为我们而变化。

1.相信自己可以改变世界

历史的车轮每时每刻都在向前滚动着，世界每一秒都在运动与变化中，只要你我拥有不断开拓进取与坚持不懈的精神，善于发现，那么世界便等着你我去改变。在人生的旅途中，我们要相信自己，即便自己是一个毫不起眼的小人物，也要坚信我们可以改变世界，哪怕是一点点的改变，我们也应该感到满足。

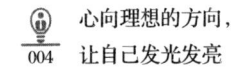

2.开拓出属于自己的世界

做人要有自己的主见,还要有充分的自信,相信自己的判断力,不要轻而易举地听从他人的意见,而改变自己的想法。每个人的使命终究还要靠自己来完成,你人生的目标,是独一无二的,专属于你自己的。它神秘而又绚烂,值得你用一生去开拓。一切都是我们的,就等着我们去开拓,如果我们只是一味地遵循他人的思想,不敢面对自己,那这样的人生是悲哀的。

在思考中找到前进的方向

成熟的忙碌状态,应该是一边忙碌一边思考,不应该像无头苍蝇那样,到处乱飞乱撞。古人讲究"学而有思,思而有创",其实无论做什么事,一边忙碌一边思考,或者用思考指导行动,才是正确的方式。做事不能机械,选择人生更不能盲目乱撞,一定要清楚自己想要的到底是什么;有所思,才能有所为。

人要善于思考,在思考中找到方向、得到长进,总结经验。不要整天忙于庸庸碌碌的事情,一定要抽出一段时间思考,决定前要思考怎样做对自己才最有利;决定后要思考怎样落实才能最快、最有创意;落实的过程中还要不断思考怎样才可以省心、省力、省时间。总之,思考应该成为年轻人的常态。

"忙"是实践，"思"是指导，人们常说"多经一事，多长一智"。忙的时候，也是智力增长的好时机，但如果仅仅是做事、忙碌，而不屑于思考，恐怕也难有大的长进。我们要重视实践，也要注重对实践过程和结果的反思，如果能够一边实践一边反思，就能够更多地掌握规律、积累经验。

当不知道自己到底想要的是什么的时候，我们经常做无用功。有一个或者多个最明确的目标，可以让我们的前进方向更明朗，让我们做事更加义无反顾，走更少的弯路。

现在开始就想一想什么是你想要的成功，什么是你想要的人生。金钱、地位、名誉？这些都是工具，是载体，你到底需要什么？例如，你希望自己处于一个怎样的生存状态。只要满足最基本的物质需求就可以了，还是希望得到更高的享受？很多成功人士对于生存的需求可以说是很简单甚至朴素的。比如孟子所说的"舍生而取义"就是满足自己被尊重需求，而舍弃了生存。明白自己想要什么，你就会对自己想要怎样的生活有一个大致的概念。

例如，我想要成功，不计一切手段，那就是说你必须舍弃一些享受——起码在事业刚刚开始的时候——如度假、享受美食等。又如，我想要趁着年轻享受生活，享受一切美好的东西，这可能就意味着你要暂时舍弃很多东西，如拥有大笔财富的安全感、有工作的喜悦感等。

懂得自己想要什么，懂得自己必须因此而舍弃什么对于年轻人来说非常重要。因为这是你忙碌的目的，是你最终要到的地方。如果你从没想过到哪里去，你就不会知道哪条路是对的，你也就无所谓达到目标，最终也就不会获得成就感。

从现在开始，你就必须在闲暇的时间想一想，自己真正想要的到底是什么，当然不同的人生阶段有不同的需求。弄清楚自己目前阶段最需要的，可以帮我们更有目的、更明确地做事。我们必须想清楚，成功对于我们意味着什么。是数不清的财富？是我们心灵能够靠自己的能力完成一件事情的满足感？是人们羡慕、信任的目光？是一个幸福的小家，我们能够对这个小家负责，提供小家中每个人需要的幸福感？

把自己的需要具体化、视觉化，才能让你在前进的过程中不被迷惑，不走弯路。我们还要在做事的时候想清楚，怎样做我们才能获得更多的技巧，运用怎样的技巧可以把想做的事变得更加简单明晰？在思考和实践的过程中不断增加智慧，然后用智慧去指导自己的行为，这才是一个忙碌的正常状态。

一个成熟的人，应该在忙碌之前想清楚自己为什么而忙碌，在忙碌的过程中想清楚怎样才能让自己变得不那么忙碌，做到忙中有闲、忙而有成。忙碌中的思考，最有利于提高我们的谋划、驾驭、应变能力，年轻人应该做到忙而有思，不能碌碌无为。

播撒激情，让生命遇到更多风景

有人曾做过这样一项调查：在人潮涌动的街头，随机寻找10个人问他们同样的两个问题：想成为有钱人吗？你能成为有钱人吗？统计结果显示，对第一个问题，10个人都给予了肯定的答案：想。而对于第二个问题，得到的答案则大不相同。有的人说能，有的人说不一定，有的人说看运气了，还有人说根本就没有考虑过怎样成为有钱人。

有一个年轻人，他的答案最为特别，他说："我每天都在为此而努力，害怕因懒惰而让安逸爬上心头。"在这10个人当中，尤以这个年轻人的成就最高，26岁的他已经是一家公司的总经理。

正如这10个人一样，大多数人都梦想成为有钱人，但更多的人面对安逸和奋斗的选择时，更倾向于前者。"下班了，明天再处理这些事情吧。""今天周末，好好玩会儿吧，事情就不干了。""这件事情太麻烦了，算了，还是歇着吧。"这些想法在安逸的人脑子里经常出现。试想一下，不愿奋斗，又要成为有钱人，实在不是一件容易的事。

"生于忧患，死于安乐"，孟子的这句话被无数人当作座右铭。但是喜欢在悠闲安乐中享受现有生活的人还是比愿意冒着风雨勇敢闯荡的人多得多，好逸恶劳是人的劣根性，不克服这个劣根性，无论谁都无法取得成功，更不能创造奇迹。

康奈尔大学的研究人员曾做过一个实验,他们将一只青蛙放进一只沸水锅里,受到强烈刺激的青蛙一跃而出,成功地保住了性命;而同一只青蛙被放进一只温水锅里,然后逐渐给锅加热,刚开始青蛙觉得十分舒服,在锅里悠闲地游来游去,等它发觉不对劲儿的时候已经来不及逃生了,最后被活活烫死。

如果有人问你,你是那个温水里的青蛙吗?多数人都不会承认。但在现实生活中,安逸的环境就好似那锅温水,当你如愿以偿地进入一家大公司,感觉前程无忧时,你是否会松口气?当你在岗位中工作得游刃有余,权力、业绩、收入都稳妥,你是否会想要过一点悠闲自在的生活呢?人不是不能享受生活,而是不可以在安逸的生活中沉溺,更不能在逆境中破罐破摔。年轻人绝不能安于现状,不去奋斗,更不能好逸恶劳,好吃懒做。"直面竞争,适者生存",这是自然界的普遍规律,在致富的道路上同样如此。长期生活在没有压力、没有竞争的环境中,是在给人生之路制造巨大的危机。

美国黄石公园为了保护鹿群曾经大量捕猎狼。狼丧失殆尽后,鹿群大量繁衍,对森林和草地产生了极大的压力,如黄石公园漂亮的白杨树被鹿啃食得枯黄;海獭等食草动物由于缺少食物也逐渐减少;同时,鹿群本身也陷入了饥饿和疾病的困境,肥胖症、脂肪肝、高血压、胆结石等疾病困扰着鹿群。

1995年1月,黄石公园迎来了他们耗资百万美元引入的第一批客人——14匹加拿大灰狼，一年以后，又有17匹灰狼来到这里。狼群的引入带来了预期的效果，鹿无法再悠闲地待在山谷里，它们必须在开阔地带活动，以便在看到敌人后迅速逃跑，这使得鹿群重新恢复了活力。白杨树也重新长出了嫩芽，海獭又游了回来，在水面上拦起小小的水坝。你可以从这个小故事中想到什么呢？人们给了鹿最好的条件，没有天敌、一流的生活环境、人类的精心照顾，鹿群反而退化了，当天敌出现生存压力剧增后，鹿群才恢复活力。

在人的内心深处，总期望过没有压力而悠闲自在的日子，惧怕竞争带来的快节奏和有压力的生活。但往往事与愿违，越悠闲我们越容易不知所措。竞争是人类社会发展的基本原则，正是竞争使人们开阔了视野，启迪了智慧，激发了斗志，增强了勇气。

成功的路上总有风风雨雨，一味逃避是对人生的毁灭和不负责任。年轻的我们，只有不断提高竞争能力，才能在社会竞争中争取优胜，避免劣汰，才能增强战胜挫折的信心，从依附走向独立，从被动走向主动，从困惑走向自主，从退避畏缩走向自强自立。也只有具备了竞争意识和奋斗精神，才能抓住最佳时机，白手起家。

就如森林中的狮子和羚羊一样，在弱肉强食的世界里，狮子每天都在沉思：当明天的太阳升起时，我要拼命地奔跑，追上跑得最快的羚羊，这样才能有食物吃。与此同时，羚羊也在琢磨：当明天的太阳升起时，我要拼命地奔跑，这样才能逃脱跑得最快的那只狮子的捕杀。现实社会的竞争虽不至于如此残酷，但正所谓"适者生存""逆水行舟，不进则退"。每天重复同样简单的事情，平庸地过完自己的一生，这不是年轻人所要追求的，也不是我们所能忍受的。用青春播撒激情，让生命的旅程充满多姿多彩的风景，这才是生命的真谛。

只要你敢想敢做，就没有什么不可能

人常说，在成人的世界里没有"容易"二字。生活不易、成事不易，要想改变自己，改变现状，更是困难。也许你也曾听到过这样的话："难道我不想改变现状，让家里暖和点，老婆穿好点，孩子吃好点吗？但你知不知道，拖家带口的压力有多大啊！""换个工作，另谋高就，你知道风险有多大吗？如果失业两个月，我一家老小都得挨饿！""先在这里将就着干吧，虽然待遇不高，但都混熟了，出去和陌生人打交道，太累了。""去创业，除非我疯了，现在温饱不愁，老婆孩子热炕头，还瞎折腾什么啊！"说这些话的人就生活在我们的周围，也许就是你的邻居或朋友，如果你问他们，"想要白手起家，创建一番事业吗？"他们多会点头应允，有些人还会夸夸其谈一番。但如果让他真的按照自己说的去做，恐怕就难为他了，诸多借口早已如锁链一般绑住了他们的手脚，更困住了他们的心。但从他们的嘴里，我们偶尔还能听到这样深感后悔的话语："嗨，当初如果我做了那件事，现在早就发财了。"

人生的最大魅力就在于不能重来，记得有位哲人说，人一生最重要的是六个字："不要怕""不后悔"。年轻时，我们为了人生的美好和绚烂而无畏拼搏，所有的艰难险阻都不在话下。"不要怕"，我们才能有胆识成就大事；年老时，我们不为做过的和没有做过的事情而后悔，"不后悔"取决于年轻时的不断尝试。我们的生活像波涛汹涌、起伏无常的大海，只有不畏艰险、勇往直前者方能到达理想的彼岸。一个想有所作为的年轻人，首先需要的是直面纷繁复杂的社会的勇气及敢闯敢干的精神。只有什么都不怕，才会什么都敢闯，才能体会到拼搏的乐趣，才能享受到拼搏的成功。

自古以来，英雄多出身寒门。现在诸多富翁也都是白手起家。预想在现代社会闯出一番大业，做一个真英雄，就不要怕出身低贱，不要怕囊中羞涩，不要怕少知无术，不要怕失败挫折，看准的路就大胆走，看准的事就大胆做。即使不能有一番轰轰烈烈的成就，也会在跌跌撞撞中给生命留下一些鲜活的记录。

对于充满自信的成功者来说，他们总能想办法突破眼前的困境。他们做事不瞻前顾后、犹豫不决，总是积极尝试。很多人之所以害怕困难，是因为只看到了事物消极和困难的一面，自己吓自己。

一天下午，艾森豪威尔从学校回家，一个同他年龄相仿的粗壮结实的男孩在后面追他。艾森豪威尔不敢迎战，只想逃跑。

艾森豪威尔的父亲看见后，冲他大喊："你干嘛容忍那小子追得你满街跑？"

艾森豪威尔当即委屈地辩驳说："因为我不敢还手；而且不管输赢，结果都是挨你的鞭子。""别为自己的懦弱寻找借口，去把那小子赶走！"

有了父亲这话，艾森豪威尔还怕什么？他猛地转回身，怒发冲冠。那个追赶他的男孩被艾森豪威尔的突然反击吓坏了，慌忙地夺路而逃。

通过这件事，艾森豪威尔悟出一个道理：一个人如果没有足够的勇气和信心，干什么都畏手畏脚、患得患失，就不会成为一个杰出的人。

困难在弱者的想象中会被放大无数倍，而事实上，当你走出了第一步，直接面对它时，你就会发现事情并没有想象中那么难。

阅历丰富的人往往能领悟到，有些事情并不是因为难所以让人不敢做，而是因为人们不敢做才变难。美国总统罗斯福曾说过一句名言："我们唯一值得恐惧的就是恐惧本身，那会让我们莫名其妙地胆怯，会让我们为前进所付出的努力付诸东流。"

第一章
保持斗志，敢于开拓出自己的人生天地

成功者总是认为一切皆有可能。他们不会让自己主观的感觉来禁锢尝试的脚步，而是以没有不可能的决心去积极尝试，结果多数情况下总能换来好结果。相反，许多普通人缺乏积极的思考方式，没做之前仅看到困难的一面，而感到毫无希望，从而放弃了尝试的努力。因此，他们的人生也处于一种消极的状态。

还有一种人，他们可以说是普通人中的佼佼者，具有聪明的才智和敏锐的判断力，人际交往频繁，社会阅历丰富，有一定的金钱积累。但多年混下来，刚参加工作时什么样，还是什么样，毫无大的突破。有人不禁会问，这种人都不能出人头地吗？在诸多不确定的因素中，有一项是肯定的。具备如此良好的条件仍然没有大的出息，因为他们能干却不肯干。

肯干是一种积极的态度，一件事情看似谁都能做，但要想做好，要有踏实肯干、苦于钻研的精神。

马克曾是美国阿穆尔肥料厂的一名速记员，尽管他的上司和同事均养成了偷懒的恶习，可马克仍保持着认真做事的好习惯，认真对待每一项工作。

一天，上司让马克替自己编一本阿穆尔先生前往欧洲用的密码电报书。马克不像其他同事以往那样，随便编几张纸完事。而是认真编写了一本小巧的书，并打印出来，然后又仔细装订好。做完之后，上司便把它交给了阿穆尔先生。

"这大概不是你做的。"阿穆尔先生说。

"呃——不……不是……"上司战栗地回答,阿穆尔先生沉默了许久。几天之后,马克就代替了以前上司的职位。

马克是普通人的代表,他并没有做出什么惊天动地的事情,他之所以能升职,就是因为他踏实肯干。

每个普通人都曾祈求成功,但真正能出人头地者毕竟是少数,人生中有诸多可能,因为有人不仅不安于现状,更会积极尝试。人生中又有太多的不可能,因为有些人在碰到棘手的问题时,只会考虑到事物本身的困难程度和判断这件事是不是非常值得去做,在左思右想中毫无行动。

因为年轻,诸多事情都存在成功的可能。面对枯燥的生活和平庸的现状,谋求改变是有志者必然的选择。

决心有多大,你就能走多远

一个人决心有多大,欲望有多强烈,直接决定了他能走多远。现实生活中的处世经验告诉我们,一个人"不是一定要"的时候,连小石子都可以挡住他的去路,因为他会找出诸多退缩、逃避、拖沓的理由;但是"一定要"的人,再大的障碍都挡不住他前进的脚步,所有困难都会化作积极的动力。

一位心理学家曾做过这样一个实验:他找来几个普通人,

问他们这样一个问题：有一座价值亿万元的花园别墅，里面风景优美，令你赏心悦目，你想不想占有它？有几个年轻人回答"我想要"，但也有人默默无语，他们从来不敢有此奢望。

心理学家分析说，一个人连获得自己所没有的事物的欲望都没有，他的人生只能平庸无奇。心理学家进一步作了这样一个比喻：假如有100个人都渴望成功，预想白手起家建立事业，那么其中至少有50个人只是随便想想，并没有强烈的欲望，因此他们的行动力较弱，多数会与成功绝缘。拼搏的路上充满了风雨和坎坷，因为各方面的准备不足，剩下的那些将欲望转化为行动的人会屡受重创，频遭打击，心中原本美好的蓝图变得遥远而模糊，于是又有40个人放弃了对成功的追逐。剩下的人擦干额头的汗水和身上的鲜血，总结经验教训，在一次又一次的洗礼中终于走上了正途，开始了白手起家的积累。但面对逐渐优裕的物质生活和接二连三的碰壁，又有三四个人满足了，止步了，想着"与其去追求那遥不可及的成功还不如坐享现在的小成就"，于是他们也掉队了。剩下的六七个人继续着他们的追求，越接近目标，困难往往越大，于是又有几个人在成功近在咫尺的时候放弃了，最后到达成功彼岸的就只有两三个人。因为在他们的心中，渴望成功的欲望使他们能够克服所有艰难险阻。

希尔顿是世界酒店大王，他之所以能白手起家，创建一番大业，是因为他对成功有着强烈的欲望，从而能够坚持不懈地追求。

那一年，希尔顿从中学毕业后，考上了新墨西哥州的矿冶大学，不过他对矿冶并不感兴趣，而是希望成为一位银行家。1917年，希尔顿怀着做一位银行家的梦想，筹集了5000美元开办了一家小银行。然而，当时的美国银行业中早已涌现出了摩根银行、花旗银行、波士顿银行等垄断性大银行，以区区5000美元，想在银行界求发展，根本是痴人说梦。无情的事实给了希尔顿以沉重的打击。银行家的美梦破灭了。想到自己而立之年仍无所成就，甚至还没有确定自己事业的方向，希尔顿十分烦躁不安。

但希尔顿并没有就此放弃对成功的追求，他时时刻刻地渴望成功，不甘心一辈子默默无闻。就在这个时候，他偶然得知有人在得克萨斯州挖石油，一夜之间就成了百万富翁。于是，希尔顿决定去那里碰碰运气。到了得克萨斯州之后，希尔顿发现石油行业需要大量金钱的投入，这是自己远远不能承受的。因而他更加失望，决定过几天就回家另谋他途。这天晚上，闲逛了一天的希尔顿又累又乏地来到一家叫玛布雷的旅馆，准备找个房间睡一觉，不料旅馆却已客满。

希尔顿找了个伙计一打听，更是吓了一跳。原来，到这里找石油的人非常多，旅馆的每个房间不但都住满了，而且店里还规定一个房间一天一夜分三次出租。一个人只准住八个小时，也就是说，在这里住一天一夜的价格，要比在其他地方的旅馆多付两倍的钱。这种情况启发了他，他觉得在这儿开家旅馆是有利可图的好买卖。他设法买下了玛布雷旅馆。从此，希尔顿拥有了属于自己的第一家旅馆，为他的未来旅馆王国奠下了第一块基石。

在挖掘到第一桶金之后，希尔顿想要成就大业的欲望更加强烈，他制订了一个雄心勃勃的计划：打算建一个以自己名字命名的旅馆王国。1925年，第一家"希尔顿酒店"在达拉斯完工。然而，到了1929年，正当希尔顿的事业蒸蒸日上时，却遇到了资本主义经济大危机，可他还是凭着顽强的毅力和出色的能力挺了过来，并使企业继续发展。希尔顿酒店一家接一家地开业了，有些是他自己兴建的，也有一些是买下来改名继续经营的。就这样，希尔顿酒店陆续分布于美国各大州。随后，希尔顿又把重点转向了国外，先后买下了英国、日本等地的著名酒店。时至今日，希尔顿的资产已从刚开始的5000美元发展到数百亿美元，他的酒店也已遍布世界五大洲的各大城市。

像希尔顿这样白手起家的富翁还有很多，他们所取得的成就绝非偶然，强烈的欲望和不懈的坚持，伴随他们一步步走向成功。

作为一名普通人，无论资历高低、年龄大小、相貌如何、性情怎样，只要拥有了成功的欲望，让欲望之火在胸中不停地燃烧，就有获得成功的可能。

一个年轻人向苏格拉底请教成功的秘诀,苏格拉底没有说什么,而是来到一条河边,然后跳了下去。年轻人很纳闷,以为苏格拉底要教他游泳,这时,苏格拉底向他招手,要他下来,年轻人只好也跳下河,来到苏格拉底旁边。突然,苏格拉底抓住年轻人的头,使劲地按到了水里,年轻人被吓坏了,立刻往上抬头,可刚露出水面,又被按了下去,这次他用尽了全身的力气,终于挣脱了苏格拉底的手,从水中窜出来,拼命地向岸上跑去。苏格拉底也上了岸,然后对年轻人说:"你要想成功,就必须有强烈的成功欲望,就像你有强烈的求生欲望一样。"

成功源于强烈的欲望,孕育于痛苦的挣扎,是激发能力,最终超越自我的一种结果。要想成功,就要有一种始终不渝的奋斗精神。奋斗的程度取决于你成功欲望的大小,你必须将欲望之火激发到白炽状态,拉开追求成功的架势,充分调动自己的主观能动性,挖掘自己的潜力和天赋,那么你的成功之路才能拉开它的帷幕。

唯有改变,梦想才有实现的可能

我们知道,每个人都有巨大的潜能,而潜能就藏于人的潜意识之中。人的潜能对于人的身体和力量,有着令人难以置信的影响。而唯有长久的欲望和动机，才能激发人的潜能。人的梦想就是人的欲望和动机的来源。

然而，生活中，面对梦想，有些人慨叹：其实我并不喜欢现在的生活，我有自己的梦想……他们谈了一大堆的计划、一大堆的梦想，可是，最后他们并没有去实践。如果有人问起，他们还会摇摇头说：不行啊，无奈啊，没办法啊……真的有那么无奈吗？既然无力改变又何必总是埋怨？既然埋怨、不满，又为何不去努力改变呢？

当你对工作、生活有了最初的梦想，你是不是能够大胆地去实践？还是仅仅把它作为一个遥不可及的梦想，默默地埋藏在心底，到老了才感到莫大的遗憾呢？

其实，一个人不愿改变自己，往往是舍不得放弃目前的安逸状况。而当你发觉不改变已不行的时候，你已经失去很多宝贵的机会。任何成功都源于改变自己，你只有不断地剥落自己身上守旧的缺点，才能做到敢为人先，才能抓住第一个机会，才能实现自己的进步、完善、成长和成熟。

我们大多数人都与梦想渐行渐远。为什么呢？因为我们都认为梦想终归是梦想，只把它当成了遥不可及、无法实现的目标，而始终没有为梦想做出改变，并且，我们还能找出很多自己的理由。例如，我没有足够的资金开创自己的事业；我的学历不高；竞争太激烈，做这个太冒险了；我没有时间；我的家人不支持我……没有足够的资金、没有学历、没有这个那个，其实都是缺乏意志力的人为自己找到冠冕堂皇的借口，别忘了那句最常听说却最容易被人忽略的话：事在人为。

其实，我们每个人都应该为梦想而努力，只要想做，并坚信自己能成功，那么你就能做成。这正是行动的作用。世界著名博士贝尔曾经说过这么一段至理名言："想着成功，看看成功，心中便有一股力量催促你迈向期望的目标，当水到渠成的时候，你就可以支配环境了。"

勇敢地尝试新事物，做出改变，这可以帮助我们发现新的机会，让我们迈进全新的领域。生命原本是充满机会的，千万别因放弃尝试而错过机会。

事实证明，如果我们能够跨越传统思维障碍，掌握变通的艺术，就能应对各种变化，在变化中寻找到新机会，在变化中获取新利益。在我们的生命中，有时候必须做出困难的决定，开始一个更新的过程。只要我们愿意放下旧的包袱、愿意学习新的技能，我们就能发挥自己的潜能，创造新的未来。我们需要的是自我改变的勇气与再生的决心。

另外，在进行尝试时，你难免会产生一种"不可能"的念头，对此，你必须从心理上超越它，只有这样，你才能站在高高的位置上，低头俯视你的问题。可见，对于梦想，如果你不

书写你自己的人生，不要成为他人的翻版

每个人都应该有一条自己的路，人云亦云的人不会得到人们欣赏，只有特立独行才能吸引注意。许多人不敢特立独行就是因为他们没有敢为天下先的勇气。抛开自己的成见，摒弃自己的怯弱，自己的人生还得自己来书写，不要成为和别人一样的人。为什么不将自己的特色展现出来，为什么不让自己的优点长处凸显出来呢？

在2005年圣诞节的前夕，一位名叫汤玫捷的学生收到了哈佛大学的本科录取通知书，以及每年4.5万美元的全额奖学金。据了解，这种提前录取的情况，中国只有一个，亚洲也只有两个。它意味着，哈佛这所全球顶尖名校，视她为最符合哈佛精神、最需要提前抢到手的优异学生。

在很多人看来，能进哈佛的人，一定是学习成绩最优秀、考分最高的学生。但汤玫捷所在学校的老师对她给予了这样的评价：她不是我们学校成绩最好的学生。她从来没有在各类数理化竞赛中摘金夺银，甚至连奥数课都没有上过。

这不禁让许多学生费解，哈佛凭借什么标准招收学生呢？

拿起哈佛的入学申请表,你会发现,除了我们熟悉的考试成绩之外,还包括学术背景、社会经历、兴趣爱好、老师推荐信等,外加两篇小论文。汤玫捷担任过学校的学生会主席,辩论队成员,还作为交换学生,到美国著名私校西德威尔中学学习过一年。甚至在那里,她也被好表现的美国学生称赞为"学生领袖型的人才"。

一位教授说:"哈佛不需要只会考试的应试机器,我们想要的学生,要有鲜明的个性;有学术精神;有领导能力。哈佛所培养的是国家未来的精英,是在政治、法律、金融、管理和学术各个领域的顶尖精英。哈佛重视的是一个年轻人的综合素质,从知识的适应能力到创造精神,从博雅文化到领袖气质。"

许多年前,一位颇有分量的女性到美国罗纳州的一个学院给学生发表讲话。这个学院规模并不是很大,这位女性的到来,使得本来不大的礼堂挤满了兴高采烈的学生,学生们都为有机会聆听这位大人物的演讲而兴奋不已。

经过州长的简单介绍,演讲者走到麦克风前,眼光对着下面的学生们,向左右扫视了一遍,然后开口说:"我的生母是聋子,我不知道自己的父亲是谁,也不知道他是否还活在人间,我这辈子所拿到的第一份工作是到棉花田里做事。"

台下的学生们都惊住了,那位看上去很慈祥的女人继续说:"如果情况不尽如人意,我们总可以想办法加以改变。一个人若想改变眼前不幸或无法尽如人意的情况,只需要回答这样一个简单的问题。"接着,她以坚定的语气说:"那就是我希望情况变成什么样,然后全身心投入,朝理想目标前进。"说完,她的脸上绽放出美丽的笑容:"我的名字叫阿济·泰勒摩尔顿,今天我以唯一一位美国女财政部长的身份站在这里。"顿时,整个礼堂爆发出热烈的掌声。

阿济·泰勒摩尔顿是一位女性,一位生母是聋子、不知道亲生父亲是谁的女性,一位没有任何依靠、饱受生活磨难的女性,而她竟成为美国的女财政部长。说到自己的成功,她却只是轻描淡写地说:"我希望情况变成什么样,然后全身心投入,朝理想目标前进。"

有雄心是一件好事,这说明有抱负、有宏伟的志向。有雄心的人会有坚强的意志去实现自己的目标,雄心会在潜意识中激发人的斗志。只要有雄心,目标就不再遥不可及。任何困难在有雄心的我们眼中都不是困难,而是成功路上的垫脚石,有了这些垫脚石,就能更快、更容易地取得成功。

有人说:"积极创造人生,消极消耗人生。"或许,只有好心态的人才能驾驭自己的人生,才能收获幸福与快乐。"心态决定命运",自然,良好的心态必将带来好的命运、好的一生。

第二章

逐渐完善自我，用自己的方式实现人生价值

走自己的路，坚持自己的节奏

"走自己的路，让别人打车去吧！"这句话改自大家耳熟能详的但丁名言："走自己的路，让别人说去吧！"这或许也是当今最潮的网络流行语之一了。这里面自然有网络达人戏谑、自嘲的意味，但是细细品味，却能够发觉里面饱含着深刻的人生道理。

在这个人与人之间的联系越来越紧密的时代，每个人似乎都更注重别人对自己的看法，同时也产生了前所未有的攀比心理：别人吃肉，我就不能喝汤；别人的孩子出国，我的孩子就不能在国内读大学；别人的老公身家百万，我的老公就不能仅仅月薪五千……于是，许多悲剧就在这无止境的攀比中产生了。眼睛只盯在别人的身上，却完全忘记了自我，忽略了自身的实际情况和天生的条件限制，最终不是苦了自己，便是累了他人。

在马拉松比赛中，那些一开始便总想往前冲的人往往不是最后能获得理想成绩的人，因为他们不懂得合理安排体能分配。老是盯着别人，总想着别人跑多少速度，自己也要跑多少速度，超出了自己的能力，因此后继乏力，自然就无法获取最后的胜利。相反，那些坚持自己的节奏，从自身的实际情况出发，不管别人是疾行还是飞奔都不为所动、坚持自我的人，往往能够获得最后的成功。

曹小强毕业于一家名不见经传的大专学校，在就业大军中是一个毫不起眼的"小虾米"，经过千辛万苦，最终在一家小电子公司做了一名普通的业务员。和他一同进公司的还有另外几名大学生，除了一个年轻的老板，就只有他们几个"小喽啰"，因此平常工作十分繁忙。由于市场竞争激烈，小电子公司举步维艰，待遇福利也远比不上大公司。所以，不多久之后，大伙纷纷辞职，有的人跳槽到待遇福利更好的大公司，有的人则用学到的经验和积累的人脉开始自我创业，只有曹小强依然原地踏步，待在原来的公司，只不过职位已升到了副总。

有人拉他入伙，邀他一起创业，他说自己实力不够，条件还远不成熟；有人给他介绍大公司、大企业，他也摇头拒绝，说夹缝中生存更能挑战自我，更能学到东西。眼看着当初的同事一个个都买了车、买了房，日子过得滋润舒适，而他却依然待在这家小小的电子公司。有人笑他傻，空挂了一个副总的名头，却得不到一点实惠，而他却真心实意地将这小公司当作自己的事业甚至自己的孩子，为之付出了全部的心血。

三年过后，年轻的老板突然邀请他共赴美国，并请他担任一家大公司的总经理。原来老板的父亲是一位跨国公司的大老板，当年为了锻炼自己的儿子，和年轻的小老板打赌说：只要他能将一家小电子公司支撑三年，就将所有的事业交给他。年轻的小老板做到了，小电子公司不但支撑了下来，而且做得有声有色，而这一切都离不开曹小强的鼎力支持。

曹小强的坚持给他带来了人生中最大的收获，这虽说是意外之喜，但对于一个坚定自己的信念、坚持走自己路的人来说，也是必然的回报。

马拉松赛跑如此，人生也如此。曹小强的成功就在于他坚守了自己的信念，坚持走自己的路。

人生的路上，诱惑很多，我们需要坚持自己的梦想和目标，不要因为别人打车或者开车，便忘了走自己的路，乱了脚步，失了分寸。假如你还没有打车或者开车的实力，那就不要逞强，静下心来，多努力一些、多刻苦一些，终有一天你也会成为别人羡慕的对象。每个人通往成功的途径各不相同，或许走路才是最适合你的方式，那么又何需理会别人是用什么交通工具呢？安安稳稳地走自己的路，虽然会慢一些，但是起码不会出错，最后说不定比那些打车的人走得更远。

走自己的路是一种人生姿态，只有拥有这种淡定心态的人才不会在缤纷的世界中失去主张、不知所措。不要让别人影响你的人生，要记住：一个太在意别人的人会失去自我，而一个失去自我的人是永远无法品尝到成功的滋味的。

勇于尝试，不断完善可以改进的地方

每个人都有自己不同的积累财富方式，可是每种方式能够积累的财富的量却是不一定的。有的人一天到晚忙忙碌碌、辛辛苦苦，可是积累的财富却只够自己的生活所需，而那些看起来并不那么忙碌的人，也许一天比你一生积累的财富都要多。为什么？这是因为赚钱的方式不同。

有的人靠体力赚钱，靠的仅仅是劳动的双手，如果他一天没有劳动，那就没有收入，而有的人靠自己建造的某个系统赚钱，就算他某天没有工作，还是有财富滚滚而来。一个人赚钱能力的高低，用什么方式积累财富，是与他工作方式有关的。

美国一个摄制组找到一位柿农，表示要买他的柿子。于是柿农找来了自己的同伴，自己用带弯钩的长竿将柿子勾下来，同伴在下面用蒲团接住，一勾一接，配合默契，大家还相互谈笑风生、唱歌助兴，美国人把这些有趣的场景都拍了下来。临走的时候，那些美国人付了他们钱，却并没有拿走那些柿子。柿农都很奇怪，他们不知道的是，这些美国人就是靠这些纪录片来赚钱的，他们的目的并不是柿子，而是由柿子产生的信息产品，那才是真正值钱的东西。

农民忙了一年所带来的财富，却远远不及这一段小小的纪录片。所以说，人不要仅仅凭着体力劳动或者技术来赚钱，还要学会思考，学会用自己的创意来赚钱。很多年轻人可能说我没有创意，没有创造新事物的能力。其实，创意不仅是创造新事物那么简单，它可以只是一个新鲜的想法、一种稍稍改良的做法。不要轻视这些微小的创意，也许他们就可以给你带来巨大的财富。只要你勤于思考，勇于尝试，就会有不俗的表现。

再好的想法和创意都是需要尝试的，在尝试一件事情之前，不要急着去否定它，只要有了新鲜的想法，就应该去试一试，只有行动才能带给我们足够的财富。如果像人们说的"晚上想了千条路，早上还是沿着老路走"，那就不可能有任何的进步，更不可能奢望积累更多的财富。

创造财富一定要勇于尝试，不断找出自己可以改变的地方，找出目前做事方法的缺点和不足，然后试着进行改造，也许就可能产生新的创意。

美国摩根财团的创始人摩根原来并不富有，夫妻二人仅仅靠卖鸡蛋维持生计。但聪明的摩根善于观察、善于思考，他看到人们总是喜欢买妻子的鸡蛋，弄明白了原来是人们眼睛的视觉误差使自己大手掌中的鸡蛋显得小了。于是他立即改变自己卖鸡蛋的方式：用浅而小的托盘盛鸡蛋，果然销售情况有所好转。但他并没有因此而停止思考研究，既然视觉误差能够影响销售，那经营的学问就更大了，于是，他对心理学、经营学、管理学等进行了研究和探讨，终于创建了摩根财团。

对于成功来说，有创意固然重要，然而敢于尝试则是更重要的。年轻人如果怕这怕那，总是囿于自己原本的见识，不敢冲出自己的生活圈子，总是害怕自己的生活会变得更苦，那么他永远都不会与财富有缘。那些成功的人士都曾经冒过一定的风险，当过第一个吃螃蟹的人。俗话说，"富贵险中求"，安安稳稳的生活注定是不可能与财富结缘的。

只有善于思考，对自己的想法勇于尝试的人，才可能取得更大的成功。就算你的想法并不是那么完善，不是那么成熟，你也可以进行尝试，然后在实践中去完善自己的想法，没有任何一件事情是在一开始就非常顺利的，但如果你不尝试，就会与成功无缘。

不断提升和完善自己，才能彰显出自己的实力

现代社会，每年的应届大学毕业生越来越多，堪称人才济济、人才辈出，然而他们之中的大多数还未就业，就已经面临失业的局面，归根结底，并非岗位不够，而是岗位找不到合适的人选，而人选又找不到合适的工作。在这种不平衡的情况下，很多大学毕业生都仓促地找到工作，却又因为对工作不太满意而骑驴找马，一边三心二意地干着现在的工作，一边四

处溜达寻摸合适的工作。所谓合适，无非就是工作清闲、薪水高。殊不知，现代社会的每一个岗位都是不养闲人的，倘若真的有清闲的工作，则薪水一定少得可怜，不可能令求职者满意。在这种情况下，越来越多的职场人士抱怨自己薪水太低，也嫌弃老板太过苛刻和小气，无法满足他们对于薪资的要求。

其实，对于职场新人而言，最重要的并非挣多少钱，在经验积累的阶段，更为宝贵的是学到了多少知识，积累了多少经验，增长了多少见识。所谓磨刀不误砍柴工，倘若我们在这几个方面都有了长足的发展，那么我们的身家也会很快随之增长，自然也就无须介意初期微薄的薪水了。

记住，在抱怨自己挣钱少时，不如先想一想如何让自己更值钱。现代职场，一个萝卜一个坑，我们要想得到高薪，就要为公司做出相应的贡献，这样才能让自己的收获和付出形成正比。那么，如何才能让自己变得值钱呢？首先，我们应该保持淡定平和的心。其次，我们还要拥有脚踏实地的态度。现代社会，越来越多的人陷入浮躁，少说话多做事的人越来越少，如果我们能够以实力说话，则一定会让上司刮目相看。再次，我们还要为自己树立榜样，从而不断进步。最后，我们每天都要进行自我反省，总结一天的工作所得，也激励自己始终保持激情。总而言之，帮助我们自身增值的方式有很多，任何情况下，我们都应该更加努力，这样才能提升和完善自己，才能让自己彰显出实力，成为那个愿意让老板付出高薪的职员。

大学毕业后，丽娜找了好几家公司，参加了好几次面试，才终于得到现在的这份工作。和她一起进入公司的还有她的好朋友丝丝，她们不仅是大学同学，而且是好朋友，因而彼此之间无话不谈。工作一段时间之后，丝丝不停地抱怨："咱们的工资也太少了，还没有农民工挣得多呢！每个月交完房租之后，吃饭都成为难题，让人如何活下去啊！"每当这时，丽娜总是安慰和鼓励丝丝："继续加油吧，我听说公司里的很多职位一个月都能挣到五六千呢！我觉得咱们只要保持勤奋上进，不断学习，积累工作经验，薪水肯定也能慢慢提高的。"丝丝却不以为然："那都得是猴年马月的事情了，我可等不及。要不咱们跳槽吧，找份工资高点儿的工作。"丽娜无奈地说："但是像咱们这样既非名牌大学毕业，也没有经验，更无背景的年轻人，真的不好找工作。我决定还是好好干下去，只要我们表现好，也努力提升自己，早晚有一天薪水会涨的。"就这样，丝丝每天都在忙着找工作，四处投递简历，丽娜却稳如磐石，始终利用工作之余的时间努力提升自己，后来终于考取了会计师证书，而且，在公司工作一段时间之后，她积累了丰富的工作经验。

眼看着一年多的时间过去了，丝丝为了多出的几百块钱工资，进入另一家公司工作。丽娜呢，虽然一直都在原来的岗位上，但是因为她的能力越来越强，工作表现越来越好，所以上司给她涨了一千块钱的工资。后来，因为公司财务部主管离职，丽娜居然通过竞聘成功升职为财务部主管，此时她的薪水比起刚开始工作时已经翻了一番，而丝丝却仍在接连跳槽中，工资忽高忽低，根本没有稳定下来。看着丽娜如今的成就，丝丝后悔莫及。

假如觉得自己挣钱少，那么，跳槽只能算是下下策，尤其是当你在一家非常有实力的公司工作，而且有很多同事都拿着高薪时，薪水暂时处于低水平只能说明你的能力还不足以拿到高工资。在这种情况下，一味地抱怨显然于事无补，最好的办法就是把用来抱怨的时间用于努力提升自己，从而让自己变得值钱。水涨船高，一个人自身的价值和他的工作所得一定是成正比的，因此，要想提高薪水，最好的办法就是提升自己，唯有如此，我们才能如愿以偿地得到高工资，也得到职业生涯中更开阔的新天地。

不管做什么事情，我们都应该有目标，即便走出大学校园，走上工作岗位，我们也依然要牢记这一点。对于薪水的提高，对于职业生涯的规划，我们必须非常用心，才能最大限度地发挥自身的能力，帮助自身获得长足的发展。任何时候，我们都要有具有反省自身的精神，这样才能反观自身的优点和缺点，更加快速地进步。

选择最适合自己的方式，实现自己的人生价值

前文说过，人生何时开始都不晚。那么对于人生而言，何时开始才是最好的时候呢？这是需要每个人都认真思考的问题。其实，不管何时开始，只要是合适的时机，就是好时机，人生的开始不需要像门店开业那样选择吉时，因为只有抓住最佳的时机才能取得最好的效果。除了抓住好时机之外，我们还要确定最适合自己的方式。那么，何为最好的方式呢？有的人觉得人生中最好的方式一定要迅速高效，其实不然。正如人们常说的，鞋子是否合脚，只有脚知道，那么方式是否合适，只有我们自己知道。

有些人经常盲目地羡慕他人，觉得人生既然没有更好的选择，那么不如学习和模仿他人。实际上，这样的盲目模仿并非最好的开挂方式。众所周知，每个人都是这个世界上独立的生命个体，每个人的人生也都注定与众不同，会绽放出属于自己的人生光彩。既然如此，我们就要经营好自己的人生，这样才能更加全力以赴做好自己该做的事情，也才能让自己的人生绽放与众不同的光彩。

选择适合自己的方式努力才会事半功倍。盲目地模仿别人，不但不利于人生的成长，而且对于人生会有很大的局限性。要想活出自己的精彩，拥有独属于自己的人生，就要选择

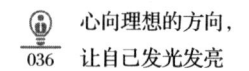

以自己的方式开始。

一直以来，她都很不顺利。高中毕业后没有考入理想的大学，因此妈妈给她在村子里找了份工作，让她进入学校当老师。但是，她才上了几节课，就被学生们轰下讲台，原来她是有学识的，但是却没有能力把知道的都讲解给学生们，学生们听她的课总是听不懂。她黯然神伤，妈妈安慰她："没关系，这条路走不通，就走别的路！"后来，她和村子里的小姐妹一起去南方的服装厂打工，但是姐妹们都是初中辍学就开始进入服装厂打工，所以站在流水线上，她总是那个最慢、最不合拍的。才工作没多久，她就被老板约谈了。后来，她主动申请去设计部门打杂，老板看着她的样子，不知道她能设计出来什么样子的服装，她把自己的初稿给老板看，又让老板拿到设计部门。有一个年纪比较大的设计师愿意收她为徒弟，让她跟着自己学习，她感激不已。

此后的日子里，她一直非常努力。设计室里不管哪个设计师需要帮忙，她都非常认真热情主动地去帮助，她还利用业余时间报名参加了服装设计的培训学校。后来，她设计的服装获得了很好的销路，她也因此成为厂子里最优秀的设计师。但是她没有因此而感到骄傲，而是继续努力做好自己该做的事情，向着更高的山峰冲刺。她的作品居然在服装设计大赛上获奖了，她那么激动，那么骄傲，对自己的未来充满了信心。

一个人如果不适合从事某一个方面的工作，没关系，还可以从其他方面进行努力。就像事例中的她，虽然高考落榜，虽然不适合当民办老师，虽然无法在流水线上与其他姐妹配合密切，但是却能够成为一名优秀的设计师。也正是因为她不断地努力和尝试，从来不忘却初心和放弃奋斗，她才能找到最适合自己的人生方向，也才能在努力奋斗的过程中持续地进步。

在这个世界上，从未有人能够平白无故地获得成功。在成长的道路上，每个人都要更加努力进取，才能通过不断的尝试找到最适合自己的行业，获得最伟大的成功。记住，人生没有回头路可走，对于每个人而言，人生的机会只有这一次，我们一定要更加努力，坚定不移地在人生的道路上前行，才能够实现自己对于人生的一切渴望和希望。

有些人总是害怕自己会犯错，所以在人生努力的过程中，经常表现得迟疑不决、犹豫不定，换个通俗的说法，就是前怕狼，后怕虎。实际上，人生如果总是这样盲目，经常在迷失自我的过程中失去奋斗的动力，那么未来也就会在成长的道路上失去奋斗的动力。人非圣贤，孰能无过，每个人都会在成长的道路上犯错误，只要端正态度对待错误，积极主动地反思自我，我们就能踩着错误的阶梯不断地前进，也能在努力奋斗的过程中发现和获得人生更多的成功契机。记住，世界上的万事万物都是在不断成长和进步的，如果你因为眼前的困境而失去

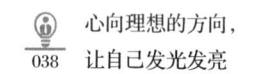

前进的动力,那么你虽然会避开失败,却也会与成功彻底绝缘。所以真正明智的人不会因为小小的困境就止步不前,反而会坚定不移地相信自己,也遵从内心的召唤做出选择,从而最终找到最佳的方式开始人生的努力和拼搏,也才能真正获得最佳的成长和最大的进步。

遗憾的是,现实生活中,当人生面临岔路口,总有些人会感到迟疑不定,内心惶恐。因为他们不知道自己的人生将会面临怎样的未来,也恐惧承担那些未知的后果。实际上,最可怕的不是外部引起恐惧的因素,而是每个人心底里的恐惧。正如人们常说的,我们每个人最大的敌人都是自己,唯有不忘初心,坚持本心,真正战胜心底里的恐惧,才能在成长的道路上不断地进取,也才能真正突破内心的囚牢,获得长足的成长和进步。

迎接挑战,让自己变得越来越强大

每个人都是有潜力的,而且每个人的潜力都非常大,甚至超乎人们的想象。因而在面对人生中形形色色的挑战时,我们完全没有必要畏缩不前,也不必因为面临挑战而显得紧张万分。正如古人所说的,兵来将挡,水来土掩,我们对人生也应该怀着这样的态度，勇敢迎接挑战的到来，做到从容淡定，顽强不屈。

对于每个人而言，挑战不仅能够验证能力，也在磨炼勇气和信念。通常情况下，所谓的挑战都是超出人们能力范围的，也因而更具有激发潜能的作用。当一个人在迎接挑战成功之后，一定会感受到自身的力量，也对自己产生巨大的信心。尤其重要的是，在完成挑战的过程中，我们还可以不断地提升自我，完善自我，从而使自己变得越来越强大。

有的时候，挑战还能激发出一个人不服输的精神，使自己排除万难爆发出巨大的能量，顺利获得成功。当一个人因为被激怒而迎接挑战，那么我们再也无须特意激励他，因为他自己就会主动激发自己，战胜挑战，证明自我。

当年，纽约州州长爱尔·史密斯为了找到合适的人管理星星监狱，特意向刘易斯·劳斯发出邀请，不想这个邀请让刘易斯·劳斯感到非常为难。原来，星星监狱是整个美国最为臭名昭著的一座监狱，它位于魔鬼岛的西部，不但位置偏远，而且很难管理。在这所监狱里，充斥着各种各样的丑闻和黑幕交易，还有形形色色的政治斗争，形成让人难于应付的旋涡。为此，先后有几个监狱长任职没多久，就全都辞职了。其中有个监狱长居然只在任短短三周的时间，就仓皇而逃，再也不愿意回到这个让人头疼的地方。当然，刘易斯·劳斯也知道这一切,为此,他不知道是否应该接下这个巨大的挑战,毕竟这很有可能也使他的人生陷入被动状态,他可不想承担逃兵的罪名,更不想为此损失惨重。当然,他也知道一旦他能够战胜这次挑战,他马上就能名利双收,获得丰厚的回报,毕竟机遇与挑战总是并存的。

在经过一番仔细衡量之后,刘易斯·劳斯决定迎接挑战,他接受了爱尔·史密斯的邀请,如期到任。当然,他也采取了各种改善的手段,对犯人实行恩威并施、既威严也充满人道主义的管理。如此一来,犯人们在短短时间内就见识了他的厉害,也得到了他的恩惠,不但那些不服从管理的犯人最终被驯服,那些得到他恩惠的犯人更是彻底对他心服口服。最终,他还根据在星星监狱任职期间的经历创作了《星星两万年》这本畅销书。由此,他实现了名利双收,成为美国大名鼎鼎的监狱长,名留青史。

刘易斯·劳斯是人生真正的强者,所以在面对人生的挑战时,才能够无所畏惧地迎难而上,最终获得了巨大的成功。对于刘易斯·劳斯来说,如果从保守的角度来看,已经功成名就的他显然没有必要冒这么大的风险,但是从人生不断进取的角度而言,他不仅是为了州长的盛情邀请,更是为了挑战自我,提升自我,所以最终在经过认真权衡之后才会接受挑战。也因此他最终如愿以偿地得到了名和利,成为人生赢家。

朋友们，面对挑战，只要觉得自己的能力通过提升可以到达，千万不要因为畏难情绪的影响就轻易放弃。人之所以能够不断取得进步，正是因为在持之以恒地挖掘和发挥自身的潜能，也因而才证实自身的能力不可限量。人的潜能是无限的。的确，生活中也有很多常见的事例证明了这一点，因而只要我们对自己有信心，端正态度、积极迎接各种挑战，就一定能够激发出自身的潜能，成为人生中真正的强者。当你感受到挑战成功带来的喜悦之后，你必然对自己更加拥有信心，从而使得人生进入良性循环之中，不管是做人还是做事都更加信心十足，也使得整个人生都更加出彩。

完善自我，就是不断克制人性弱点

王阳明少年时期曾到居庸关去"见世面"，他深深地被大漠风光吸引，回来之后向父亲表达了以几万人马讨平鞑靼的志向，父亲当即批评他太狂傲。之后，王阳明经过一番思考、自省，向父亲承认了自己的错误。因为善于潜修自己，他最终成为一代圣贤。优化自身的最佳途径，就是抵制人性弱点。

一个人，不管他有多么伟大或是多么顽固，都会存在着这样或那样的弱点，有着自己的软肋。一旦这样的弱点被他人击破，那我们自身将难以成功。而现代社会，本来就是一个到处充满着诱惑、陷阱的社会，诸如金钱的诱惑、美色的诱惑、名利的诱惑、地位的诱惑、情感的诱惑等，在人性弱点的延伸下，我们往往会迷失了自己。每个人都有弱点，欲望越多的人弱点也就越多，陷入深渊的可能性也就越大。

在成长的过程中，不断检查自己，不断反省自己，不断管理自己，就会减少自己身上的弱点。在未来的行程之中，我们就会少一些心灵上的纷扰，多一些自在。在人生的道路上，我们会面对各种不同的挑战，但是，我们最大的敌人并不是别人，而是自己，我们更要勇于挑战自我。一旦发现自己的某些弱点比较突出，有可能对自己人生造成破坏性影响的时候，一定要紧急刹车，抵制人性弱点，这样我们才能重新上路，走向成功。

一个人想要征服世界，首先要战胜自己。在日常生活中，我们很容易就会陷入自我的泥潭而无法自拔，沾染上一些坏习惯，整个人变得颓废不堪。学坏总是那么容易，而要想学好却是难上加难，为了避免自己一不小心走"下坡路"，我们应该时刻警惕自己的行为，努力走向上坡，然后欣赏别样的风景。

抵制人性的弱点，可以有效地管理好自己，而这当然需要极强的自制力。比如，列宁就是一个自制能力极强的人，他在自学大学课程的时候，为自己安排了严格的作息时间表：每天早餐后自学各门功课；午餐后学习马克思主义理论；晚餐后适当休息一下再读书。本来列宁是很喜欢下棋的，一下起来就痴迷了。后来他感觉这太费时间了，毅然戒了棋。当然，这只是一件生活中的小事，但凡事都是从小事开始，如果我们有毅力去改变自己生活中的一些小事，又何必担心不能抵制人性的弱点呢？

哲人说："贪图享乐是厄运的源头，克制好自己的欲望，做好自己的事情，才能平平安安地度过自己的人生之旅。"随时警惕自己的行为，不要让自己踏上贪图享乐之路，无论是欲成大事者，还是一个普通的人，我们都应该学会自制。

在反思中提升和完善自我

每个人从呱呱坠地开始，不但拥有了享受生活的权利、成长的权利，而且也拥有了犯错误的权利。可以说，这个世界上每个人都曾经犯过错误，而且绝不仅仅一次。究其原因，人生就是在不断犯错和改正错误的过程中成长起来的。当我们踩着错误的阶梯不断进步，当我们在反思中提升和完善自我，我们的人生也会日渐成熟和丰满。每一个错误，每一次弯路，在人生中都具有特殊的意义。造物主让我们犯错，并非是为了让我们感到痛苦，而只是用痛苦提醒我们，我们需要不断地自我完善，才能循序渐进，日趋完美。

遗憾的是，生活中总有些错误会给我们的人生带来莫大的遗憾，甚至是严重的伤害。在这种情况下，我们恨不得能够时光倒流，改变曾经的选择和行为，从而避免此刻给我们带来的痛苦。但是，正如人们常说的那样，这个世界上没有卖后悔药的。不管我们是悔青了肠子，还是恨不得造一个时光机穿梭回到过去，对于我们的悔恨，这些都是于事无补的。既然如此，我们还有什么必要悔不当初呢？很多到中年的人总是说，"假如当初……""假如我年轻的时候……"之类的话。殊不知，这样除了使人徒增烦恼之外，根本没有任何好处，对于事情的解决也没有任何裨益。

正因为这个世界上没有后悔药，所以很多人小心翼翼地迈出人生的每一步，生怕一着不慎，满盘皆输。然而，错误无法避免，哪怕我们再怎么小心，错误依然会出现。在这种情况下，与其胆战心惊，寸步难行，不如尽职尽责，在尽量避免后悔和错误决定的情况下，坦然行走人生之路。

很久以前，在一个夜深人静的夜里，有位巴格达商人在偏僻的山间路上走着。突然，他的耳边传来一个神秘莫测的声音，这个声音让他从路边捡起几颗小石头放在口袋里，并且说他一定会为此庆幸。这个商人根据声音的指示做了，次日清晨，他发现这些小石头全都变成了黄金，因此他先是感到庆幸，随后却突然懊恼起来，深深后悔自己在前一天夜里没有捡起更多的小石头。

同样是很久以前，有位智者引领一个旅行者来到一座金库面前，并且让这位旅行者随意从金库中捡起黄金装入行囊里，但是条件却是这位旅行者在接下来的旅途中，必须带着这些黄金，不得丢弃。这位旅行者因为行囊里已经塞满了各种必不可少的东西，因而他挑来减去，最终只拿起三块黄金放入行囊中。次日清晨，他一觉醒来，发现那些黄金全都变成了小石头。要知道，对于旅行者而言，这些石头非但毫无用处，反而还会增加他的负担。此时，他昨夜因为无法拿更多金块引起的遗憾和懊悔，都变成了庆幸。

尽管这两个故事都是传说，但是却蕴含着深刻的道理。在第一个故事中，那个商人平白无故得到了好些黄金，但是他的心中却感到无限懊恼。在第二个故事中，旅行者尽管因为只能拿三块黄金感到懊恼，最终却因为自己的旅途只增加了三块石头的重量感到庆幸。由此可见，人生中的很多事情都是可以相互转化的。当我们为了某件事情追悔莫及时，不如暂时缓一缓，因为在未来的某个时刻，我们也许会为此感到庆幸呢！反之亦然。

朋友们，既然这个世界上没有后悔药，我们也就没有必要后悔。人生如同下棋，必须落子无悔。我们要学会对这一切负责，并在反思中提升和完善自我。

第三章

锻炼意志力，美好人生从善于自控开始

有效地控制自身，把握好自我发展的主动权

古之成大事者，往往都能做到"动心忍性"，而这种自制力的来源就是自控心理。一个人只有认识自我，才能战胜自我、超越自我。金无足赤，人无完人，人最大的敌人是自己。只有能够战胜自我的人，才是真正的强者。自控力就好像汽车的方向盘。不难想象的是，一辆汽车，如果没有方向盘的话，它就不能在正确的轨道上运行。而一个自控力强的人，就像一辆有着良好制动系统的汽车一样，能够在很大程度上随心所欲，到达自己想要去的任何地方。因此，我们可以说，美好人生，就是从自控力开始的。

欲胜人者先自胜！胜人者有力，自胜者强。谁征服了自己，谁就取得了胜利。学会自控，征服自己的一切弱点，正是一个人伟大的起始。但凡成功的人，都有极强的自控力。其实学会自控并不难，你只需要做到控制自己的心，只要我们遇到事情多想想要不要去做、后果会怎样，相信我们就一定能控制自己的言行。

保罗·盖蒂是美国的石油大亨，但谁也没想到，他曾经是个大烟鬼，烟抽得很厉害。

曾经有一次，他在一个小城市的小旅馆过夜，半夜的时候，他的烟瘾犯了，就想找一根烟抽，但他摸了摸上衣的口袋，发现是空的。他站起来，开始在包里、外套口袋等地方寻找，可是都没有。于是，他穿上衣服，想去外面的商店、酒吧等地方买。没有烟的滋味真难受，越是得不到，就越是想要，他当时就是很想抽烟。

就在盖蒂穿好了出门的衣服，伸手去拿雨衣的时候，他突然停住了。他问自己：我这是在干什么？

盖蒂站在门口想，自己应该算得上相当成功的商人，竟然要在半夜冒雨、走几条街去买一盒烟？没多会儿，盖蒂就下定了决心，把那个空烟盒揉成一团扔进了纸篓，脱下衣服换上睡衣回到床上，带着一种解脱甚至是胜利的感觉，几分钟就进入了梦乡。

从此以后，保罗·盖蒂再也没有拿过香烟，当然他的事业越做越大，成为世界顶尖富豪之一。

在这里，我们看到了一个真正的强者，他懂得约束自己的行为，懂得为自己的所作所为负责。这样的人必当能在人生道路上把握好自己的命运，不会为得失越轨翻车。

我们听过这样一句话："上帝要毁灭一个人，必先使他疯狂。"这句话的意思是，一个人一旦失去自制力后，那么，他距离灭亡的距离也不远了。的确，一个人连自己的行为都不能

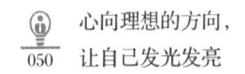

控制，又怎么能做到以强烈的力量去影响他人，获得成功呢？

失去控制的人生必然走向失败。唯有自制的人，才能抵制诱惑，有效地控制自身，把握好自我发展的主动权，驾驭自我。一个人除非能够控制自我，否则他将无法成功。

过于依赖他人，你的人生就失去了控制

人应该是独立的，我们的成长过程就是一个逐渐独立与成熟的过程。生活中就是有些人对周围的人过分依赖，一旦失去了可以依赖的人，他们会不知所措。于是这种依赖又形成了对他们的束缚。

那些有依赖性格的人，经常有无助感，总感到自己懦弱无助、无能、笨拙、缺乏精力，同时还有被遗弃感。他们将自己的需求依附于别人，过分顺从于别人的意思，一切悉听别人决定，生怕被别人遗弃。当亲密关系终结时，他们则有被毁灭和无助的体验。他们缺乏独立性，不能独立生活，在生活上多需要他人为其承担责任，做任何事都没有主见，在逆境和灾难中更容易心理扭曲。

其实，人生成功的过程也就是个人克服自身性格缺陷的过程。因此，如果你也有依赖性格，就必须从现在起，靠自己的

努力克服。

从前，有一对夫妇，到了晚年才得子，高兴异常，所以对这一"老来子"十分疼爱，几乎不让孩子做任何事，这个孩子除了吃喝什么都不会。就这样，很快，这个孩子长大了。

一天，老两口要出远门，担心儿子在家没法照顾自己，就想了一个办法：临行前烙了一张中间带眼儿的大饼，套在儿子的脖子上，告诉他想吃的时候就咬一口。

可是，这个孩子居然只知道吃颈前面的饼，不知道把后面的饼转过来吃。等老两口出门回来时，大饼只吃了不到一半，而儿子竟活活饿死了。

这个故事告诉生活中所有的人，只有克服依赖心理，才具备生存的能力。"自己动手，丰衣足食"就是这个道理。

香港巨富李嘉诚的名字早已家喻户晓，尽管他拥有亿万家财，但对于子女的教育问题，他一直比较重视，并且他非常注重培养孩子的独立生活的能力，他这样做，是为了让孩子练就靠自己生存的本事。

李嘉诚有两个儿子，就在他们还只有八九岁时，他们就遵循父亲的意思经常参加董事会，并且他们不能只是旁听，还必须发表意见和见解。这锻炼了他们处理和分析问题的能力。

后来，他们都考上了美国斯坦福大学。毕业后，他们也曾向父亲表示想要在他的公司里任职，干一番事业。李嘉诚断然

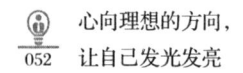

拒绝了他们的请求。

　　李嘉诚是这样对两个儿子说的："我的公司不需要你们！你们还是自己去打江山，用实践证明你们是否合格到我公司来任职。"于是，他们都去了加拿大，一个做地产开发，一个去了投资银行。他们凭着从小养成的坚忍不拔的毅力克服了难以想象的困难，把公司和银行办得有声有色，成了加拿大商界出类拔萃的人物。

　　从李嘉诚的教育方式中，我们也应该获得启示，凡事靠自己，形成独立的性格，才能真正成为一个顶天立地的人。因此，如果你是一个有依赖性的人，那么，从现在起，你必须学会自控，学会独立面对各种生活问题。为此，你需要做到以下几个方面。

　　1.要充分认识到依赖心理的危害

　　这就要求你纠正平时养成的习惯，提高自己的动手能力，不要什么事情都指望别人，遇到问题要做出属于自己的选择和判断，加强自主性和创造性。学会独立地思考问题，独立的人格要求独立的思维能力。

　　2.不要总是指望他人的帮助

　　不可否认，人生在世，总要或多或少地依靠他人的各种帮助，如父母的养育、师长的教诲、朋友的关爱、社会的鼓励……可以说，人从呱呱坠地那一刻起，就已开始接受他人给予的各种帮助。然而，许多人却把自己立身于社会的希望完全寄托在父母和朋友的身上。这样的人，显然不可能在生活上自立自强、在事业上有所作为。有句话说：靠吃别人的饭过日子，就会饿一辈子。

3.明白求人不如求己的道理

面对人生的困境，你要懂得，求人不如求己。总想着依靠他人帮助，总想有人能在危难时搀扶你一把，你永远也无法完成任何伟大的事业。只有自主的人，才能傲立于世，才能力拔群雄，也才能开拓自己的天地。潜能激励专家魏特利曾说过这样的话："没有人会带你去钓鱼，要学会自立自主。"

4.坚持自理

我们并不是儿童，对于生活问题，我们都应该自己处理。即使你的家人希望为你代劳，你也应该拒绝，大胆动手尝试，坚持自己动手，从而在潜移默化中培养自理能力。另外，你需要做到坚持到底，不要凭一时的新鲜做事，因为自理能力不是一朝一夕能培养成的，需要对自己进行反复的强化和持之以恒的锻炼。

5.学会独立应对生活中的一些问题

不管做什么事，总会有一个从不会到会的过程。你可以独立去面对一些生活中的小问题。

英国历史学家弗劳德说："一棵树如果要结出果实，必须先在土壤里扎下根。"同样,一个人首先要学会依靠自己、尊重自己、不接受他人的施舍,不等待命运的馈赠。只有在这样的基础上,才可能做出成就。

控制自己的"玩"心,享乐只会让你不断沉沦

生活中,我们常听到这样一句话:"没有人能随随便便成功",的确,我们不难发现,但凡做出一些成就的人,必定会经受一些磨难,吃一些苦头,然后才能等到出头之日,一鸣惊人。在这个过程中,他们不断地忍耐着痛苦与辛酸,精神上的,身体上的,他们咬着牙,将滴落的血吞进肚子里。有时候,为了完成自己心中的理想,他们可能会需要寄人篱下,遭人白眼、受人讽刺。在这个过程中,他们放弃的是暂时的享乐。但实际上,他们明白,他们最终会有守得云开见月明的一天,到那时,自己以前所受的所有苦难都是值得的,因为它们已经凝结成耀眼的成功的光环。

数九寒天,一座城市被围,情况危急。守将决定派一名士兵去河对岸的另一座城市求援。这名士兵马不停蹄地赶到河边的渡口,但却看不到一只船。平时,渡口总会有几只木船摆渡,但是由于兵荒马乱,船夫全都逃难去了。士兵心急如焚。

他的头发都快愁白了，假如过不了河，不仅自己会成为俘虏，就连城市也会落在敌人手里。

太阳落山，夜幕降临。黑暗和寒冷更是加剧了士兵的恐惧与绝望。更糟的是，起了北风，到了半夜，又下起了鹅毛大雪。士兵瑟缩成一团，紧紧抱着战马，借战马的体温取暖。他甚至连抱怨自己命苦的力气都没有了，只有一个声音在他心里重复着：活下来！他暗暗祈求：上天啊，求你再让我活一分钟，求你再让我活一分钟！当他气息奄奄的时候，东方渐渐露出了鱼肚白。

士兵牵着马儿走到河边，惊奇地发现，那条阻挡他前进的大河上面，已经结了一层冰。他试着在河面上走了几步，发现冰冻得非常结实，他完全可以从上面走过去。士兵欣喜若狂，就牵着马从上面轻松地走过了河面。城市就这样得救了，得救于士兵的忍耐和等待。

对成功人士来说，任何委屈都不足以让他心灰意冷，相反更能鼓舞士气，激发起一定要做成大事的欲望。能忍耐的人，能够得到他所要的东西。忍耐即是成功之路，忍耐才能转败为胜。

历史上，勾践灭吴的故事早已家喻户晓，而勾践能做到"卧薪尝胆"就是一种自控力，战败后的他完全可以继续自己享乐的生活，但是他却选择了忍耐，在吴王夫差面前，他饱受百般屈辱，并自称"贱臣"。这样的姿态，比委曲求全更甚，所受的侮辱和苦难那不是普通人能承受的，但勾践都一一忍耐了下来。这样的委曲求全，实则是一个计谋，勾践早已经运筹帷幄于股掌之间，这才有了后面"勾践灭吴"的故事。

的确，在人生发展的道路上，我们的选择决定了我们生命的高度，一些人贪图享乐，浑浑噩噩地度过每一天，在错误的道路上越走越远，甚至在追逐已定目标的道路上逐渐迷失了自己。因此，我们每个人都应该学会正确地定位自己、认清自己，看到自己的价值，然后找准目标，挖掘到自己的内在动力，再朝着正确的方向努力，从而充分发挥自己的价值。总之，我们要告诫自己，绝不做一个没有追求、漫无目的的享乐主义者！

然而，我们不得不承认的一点是，现代社会，随着物质生活的提高和科学技术的进步，一些人被周围的花花世界所诱惑，一有时间，他们就置身于灯红酒绿的酒吧、歌厅，就连独处时，他们也宁愿把精力放在玩游戏、上网上，时间一长，他们的心再也无法平静了，他们习惯了每天玩乐的生活，再也没有曾经的斗志，最后只能庸庸碌碌地过完一生。

享乐只会让我们不断沉沦，闲暇时我们不妨多花点时间看书、学习，不断地充实自己，这样才能在未来激烈的社会竞争中立于不败之地。

任何一个人，要想有一番作为，就必须学会自控，控制自己的"玩"心、摒弃自己的享乐主义心理。事实上,那些成功者之所以成功,并不是因为他们喜欢吃苦,而是因为他们深知只有磨炼自己的意志,才能让自己保持奋斗的激情,不断进步。

驾驭你的思维,远离冲动

生活中,我们每个人都需要有一定的自控力,自控力是一个人成熟度的体现。没有自控力,就没有好的习惯。没有好的习惯,就没有好的人生。所谓自控力,指对一个人自身的冲动、感情、欲望施加的正确控制。然而,生活中,我们却经常会遇到一些扰乱我们脚步的事,它们让我们产生坏情绪,让我们因为一时冲动而做出让自己后悔的事来。其实,要解决这一问题,我们首先要学会"控心"。我们在心情激动前,不妨先深呼吸一下,让自己冷静下来,从而远离冲动,理性决策。

有一天,小林和老公去购物,走进一家裤行。

她走近一位售货员,问:"有靴裤吗?"售货员本来低着头,瞟了小林一眼,不耐烦地说:"长靴还是短靴?"小林说:"长靴。""中间一排。"小林看了看,看中一条条绒布料的,就伸手去拿,这时从背后传来了叫喊声:"别拽别拽!"小林就停了下来,那个售货员给另一位顾客拿裤子,并牢骚满腹："烦死我了。"随后鼻子不是鼻子、脸不是脸地对小林说："哪条？"一见那架势，小林着实有点生气了，但她深呼吸了一下，还是忍住了，只是她不买了。她迅速走向门口，老公正在那儿等她。正好，店主人也在门口，看见了刚才发生的事，找了另一个售货员，要为小林服务，这个服务员说："你可真是海量啊，一般去她那买衣服的人，没有不和她吵架的，你的修养可真是少见。"小林一听，倒也挺开心的。

小林面对这样的售货员，没有和她理论，而是先深吸一口气，调整了自己的情绪，然后离开了，这让她获得了别人对她修养的肯定。这就是一种自控能力。试想，小林和售货员计较，吵起架来，不仅会毁了自己的好心情，还会给别人留下恶劣的印象，徒增烦恼。

人们在遇到一些或悲或喜的事情时，都会激动，并且很难一下子冷静下来，所以当你察觉到自己的情绪非常激动，眼看控制不住时，一定要及时转移注意力，努力自我放松，克制冲动的情绪。具体来说，我们可以尝试以下让自己的行为慢下来的方法。

1.放慢语速，调整心情

如果你在说话，你可以试着让自己的呼吸均匀下来，然后做自我暗示："放松，冷静。"如果你的情绪很激动，那么，你不妨先闭上眼睛，然后想想让自己高兴的其他事情，并尝试着站在其他人的角度审视自己的行为，慢慢地你就能冷静下来了。

你也可以尝试一下"数数法"。不过这里的数数，并不是按照常规数字顺序，因为这样做并不会启动我们的理性程序，而应该打乱顺序，如1、4、7、10……这样一来，你的理性思考能力就可逐渐恢复了。

描述法也许能帮助到你。例如，你可以这样描述："这个茶杯是黄色的……他穿的毛衣是黑色的……"数10~12项物体的颜色，之后你会发现自己冷静多了。

2.理智思考，替换非理性的"自发性念头"

你要明白的一点是，真正让你产生不良情绪的，是我们的想法，而不是别人的行为。换句话说，不是发生了什么事，而是我们如何解释事件，才会决定产生的情绪。

例如，你可以告诉自己："我知道我的能力是极佳的，不会因为你一句话而动摇！"这样自我暗示，愤怒自然就无处可生，就会被其他情绪所替代。

3.使用建设性的内心对话

既然想法是导致情绪的主因，容易动怒的人就应该加强内心的想法，准备一些建设性的念头以备不时之需。例如，"无论如何，我都要平静地说，慢慢地说。""我才不会生气，生气就等于暴露了自己。"

最后还有一点，就是在我们控制住冲动的情绪后，还要重

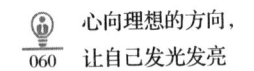

新思考，努力打开心结，为什么会有冲动的情绪，为什么自己不能从一开始就看开点，为什么不能很好地控制情绪，这样才能从源头上遏制冲动。

总之，遇事先告诉自己要三思而后行是一种有效的转移激动情绪的方法，你应反复告诉自己，千万别立刻发泄，否则就会"伤"了自己，也会伤害他人。

生活中令我们激动的事情实在太多了，这无可厚非，但我们必须做到自控，最有效的做法就是先让自己放慢速度，而不是给自己加速（如应激反应）。"三思而后行"反应就是让你慢下来。

人最大的敌人是自己，想成功先自控

我们都知道，金无足赤，人无完人，人最大的敌人是自己，人们走向成功的过程，就是一个不断战胜自我的过程，而也只有能够战胜自我的人，才是真正的强者。

古人云："天将降大任于斯人也，必先苦其心志，劳其筋骨，饿其体肤，空乏其身，行拂乱其所为，所以动心忍性，增益其所不能。"那些成大事者，都有"动心忍性"的自制力，能守得云开见月明，走出逆境。自律就是自我管理、自我控制；自律就是战胜自我、超越自我。

事实上，自控对于任何一个人来说都十分重要，它使我们在工作和生活中，督促自己去完成应当完成的工作任务、抑制自己的不良行为。相反，如果没有或缺少自我控制，不良的行为和情绪就会反过来控制你，你将失去意志力、信心、执着和乐观，失去获得成功的机会，甚至会偏离人生的方向，误入歧途。

巴西球员贝利，被人们称为"世界球王""黑珍珠"，在很小的时候，对足球他就表现出惊人的才华。

有一次，贝利和他的同伴们刚踢完一场足球赛，已经精疲力尽的他找小伙伴要了一支烟，并得意地吸了起来。这样，原先的疲劳都已经烟消云散了，然而，这一切都被他的父亲看在眼里。

晚饭后，父亲把正在看电视的贝利叫过来，然后很严肃地问他："你今天抽烟了？"

"抽了。"贝利知道自己做错了事，但也不敢不承认。

但令他奇怪的是，父亲并没有发火，而是站了起来，在房间里来回踱步，接着说："孩子，你踢球有几分天资，也许将来会有出息。可是，抽烟会损害身体，使你在比赛时发挥不出应有的水平。"

听到父亲这么说，小贝利的头更低了。

父亲又语重心长地接着说："虽然作为父亲的我，有责任也有义务教育你,但真正主导你人生的是你自己。我只想问问你,你是想继续抽烟,还是做一个有出息的足球运动员呢?孩子,你已经长大了,该懂得如何选择了。"说着,父亲从口袋里掏出一叠钞票,递给贝利,并说道:"如果你不想做球员了,那么,这笔钱就给你作抽烟的经费吧!"父亲说完便走了出去。

看着父亲的背影,贝利哭了,他知道父亲的话有多重的分量。他猛然醒悟了,拿起桌上的钞票还给了父亲,并坚决地说:"爸爸,我再也不抽烟了,我一定要当个有出息的运动员。"

从此以后,贝利不但戒了烟,还把大部分时间都花在刻苦训练上,球艺飞速提高。贝利15岁参加桑托斯职业足球队,16岁进入巴西国家队,并为巴西队永久占有"女神杯"立下奇功。如今,贝利已成为拥有众多企业的富翁,但他依旧延续了不抽烟的习惯。

欲胜人者先自胜!胜人者有力,自胜者强。谁征服了自己,谁就取得了胜利。对自己苛刻,征服自己的一切弱点,正是一个人伟大的起始。

我们听过这样一句话:"上帝要毁灭一个人,必先使他疯狂。"这句话的意思是,一个人一旦失去自制力,那么他距离灭亡也不远了。的确,一个人连自己的行为都不能控制,又怎么能做到以强烈的力量去影响他人,获得成功呢?

可见，失去控制的人生最终必然失败。唯有自制的人，才能抵制诱惑，有效地控制自身，把握好自我发展的主动权，驾驭自我。一个人除非能够控制自我，否则他将无法成功。

那么，我们该怎样培养自己的自控力呢？

1.认识到自制力的重要

你要培养坚定的自制力，首先要从心里认识到自律的重要性，然后才能自觉地培养。只有坚决地约束自己、战胜自己，最终才能战胜困难，取得成功。

2.为自己设立适宜的目标

你的自我期望要建立在符合自己的实际情况、切实可行的基础之上。作为一个男子汉，你应该有理想，有志向。但这种理想和志向，不能是高不可攀的，也不应当是唾手可得的，而应该是通过一定的努力，可以实现的、适宜的目标，应该符合个人的个性特点和实际能力水平。

3.自制力的培养是一个循序渐进的过程

培养自制力，这是一个循序渐进的过程，因为自制力不可能是一念之间产生的，也不是下定决心就可以立刻形成的，其形成需要一个过程。如果你给自己规定从明天开始就要好好学习，一旦达不到目标你就会产生挫折感和无能感，丧失改变自己的信心。所以，自制力的形成不要期望一蹴而就。

的确，人之本性好逸恶劳，想成功就要先自控，我们遇到的最强大的对手往往不是别人，而是自己。而人的缺点常常是很顽固的，即所谓"江山易改，秉性难移"。若你想做到自我突破，让自己再上一个台阶，就必须克服自身的缺点！一个自律的人能够不断克服陋习、完善自己，一个不能自律的人却会被自己的一个小缺陷轻易击败。人或强大或弱小，是由能否战胜自我而决定的。

无法控制懒散和惰性，只能白白浪费生命

古人云："业精于勤，荒于嬉；行成于思，毁于随。"这句话告诉我们：学业由于勤奋而精通，但它却荒废在嬉笑声中，事情由于反复思考而成功，但它却能毁灭于懒懒散散和随随便便。任何人，即使是天才，如果不克服懒惰、做事拖延，最终也会变成一个一事无成的人。

人的一生，短短几十载，生命是有限的。如果我们浪费时间，在工作和生活中总是拖拖拉拉，那么，最终只能白白浪费生命，而假如我们能充分利用自己的时间和精力，勤奋做事，那么，我们绝对可以做出更有价值的事情来。

懒惰总是和拖延狼狈为奸。曾有人问一个懒惰的人："你一天的活儿是怎么干完的？"这个人回答说："那很简单，我

就把它当作是昨天的活儿。"这就是惰性使然,其实,懒惰的人何止是把昨天的活儿拿到今天来干,有人甚至给那些懒惰的人下定义为:把不愉快或成为负担的事情抛到脑后,把"推迟"这件事当作生命中的主旋律。

懒惰的人往往浪费时间,无所事事,即便是做一件事情,也是担心这个担心那个,或者找借口推迟行动,结果往往错失了机会和灵感。

拖沓、懒散的生活和工作态度,对许多人来说已经是一种常态,要想有所成就,我们就应该忍耐惰性,努力让自己变得勤勉起来。

美国前总统威尔逊出身贫寒,在幼年就已经经受了贫穷的打磨,为此,他在10岁时,就离开了家去当学徒工,这一工作就是11年。这期间,他每年只能接受大概1个月的学校教育,然而,也就是在这11年期间里,他想尽办法读书,读了1000本好书——这对一个农场里的孩子,是多么艰巨的任务啊!而在离开农场之后,他又选择徒步到160千米之外的马萨诸塞州的内蒂克去学习皮匠手艺。

在他度过了21岁生日后的第一个月,就带着一队人马进入了人迹罕至的大森林,在那里采伐原木。威尔逊每天都是在天际的第一抹曙光出现之前起床,然后就一直辛勤地工作到星星出来时为止。在一个月夜以继日的辛劳努力之后,他获得了6美

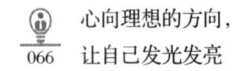

元的报酬。

就是在这样的穷途困境中,威尔逊暗下决心,不让任何一个发展自我、提升自我的机会溜走。很少有人能像他一样深刻地理解闲暇时光的价值。他像抓住黄金一样紧紧地抓住了零星的时间,不让一分一秒无所作为地从指缝间白白溜走。

12年之后,他在政界脱颖而出,进入了国会,开始了他的政治生涯。威尔逊是无数人瞩目的对象,而他的成功,就是勤奋学习的结果。学习是向成功前进的营养元素。而当今社会,竞争的日益激烈告诉每个人,只有知识才能改变命运,只有学习才能突破,才能具备竞争力。

当然,真正的成功者不仅需要勤奋,还需要开动大脑,在当今这个充满机遇的市场竞争下,思维的灵活性至关重要。一个人,只有发挥想象力,才能获得他人得不到的成就,才能享用财富带来的快乐。

阿尔伯特·哈伯德在美国是个传奇式人物。

哈伯德出生于伊利诺伊州的布鲁明顿,他的父亲既是农场主又是乡村医生。哈伯德曾经供职于巴夫洛公司,工作任务是推销肥皂,但他并不喜欢这样的工作。1892年,哈伯德放弃了自己的事业进入了哈佛大学,随后,未完成学业的他又开始到英国徒步旅行,不久之后,哈伯德在伦敦遇到了威廉·莫瑞斯,并喜欢上了莫瑞斯的艺术与手工业出版社。

哈伯德回到美国后，他试图找到一家出版社来出版自己的那套《短暂的旅行》的自传体丛书。但是，并没有一家出版社愿意给他出这本书，所以他决定自行出版。他创建了罗依科罗斯特出版社。哈伯德的书出版之后，他成为既高产又畅销的作家。

随着出版社规模的不断扩大，人们纷纷慕名而来拜访哈伯德，最初游客会在周围的四周住宿，但随着人越来越多，周围的住宿设施已经无法容纳更多的人了，哈伯德特地盖了一座旅馆，在装修旅馆时，哈伯德让工人做了一种简单的直线型家具，而这种家具受到了游客们的喜欢，于是哈伯德开始涉足家具制造业。公司的业务蒸蒸日上，同时，出版社出版了《菲士利人》和《兄弟》两份月刊，而随后《致加西亚的信》的出版使哈伯德的影响力达到了顶峰。

有人说，阿尔伯特·哈伯德有无比传奇的一生，他之所以能在多方面都能获得成功，不仅因为他勤奋付出，还因为他有着与众不同的思维。他敢于尝试，善于发现他人不曾发现的商机。

在《致加西亚的信》中，阿尔伯特·哈伯德讲述了罗文送信这样的情节："美国总统将一封信写给加西亚的信交给了罗文，罗文接过信以后，并没有问：'他在哪里？'而是立即出发。"拖沓、懒散的生活态度，对许多人来说已经是一种常态，要想成为罗文这样的人，我们就应该消除惰性，努力让自

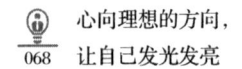

己变得勤勉起来。

懒惰体现在两个方面，懒惰的思维和懒惰的行为，可以说，懒惰不仅是一个人成功的大敌，它还是我们不良情绪的源头。在充满困难与挫折的人生道路上，懒惰的人过着极为单调的生活，在他们的生活里，只习惯于等、靠、要，从来不想发现、拼搏、创造。最终，他们不仅错过了多姿多彩的生活，而且一事无成。

总之，一个人成就的大小取决于他做事情的习惯，而克服惰性是做事情的一个重要技巧。我们要想完成既定目标，取得成功，就应该培养勤勉的习惯。一旦养成了这个习惯，"完成目标，马上行动"就会成为一件自然而然的事情。

摆脱"无力拒绝症"，掌控自己的时间与精力

生活中，没有人喜欢被拒绝。同样，习惯于中庸之道的中国人，在拒绝别人时很容易遇上一些心理障碍。但是，不敢和不善于拒绝别人的人，实际往往得戴着"假面具"生活，活得很累，而又丢失了自我，事后常常后悔不已但又因为难于摆脱这种"无力拒绝症"，而自责、自卑。

你是否曾经为以下事情伤脑筋：一个你曾经认识的人，他

品行不良，但非要和你借钱，你深知，如果钱借给他，就等于肉包子打狗——有去无回？或者一个熟识的生意人向你兜售物品，你明知买下就会吃亏？或者你的患难朋友，曾在你最困难的时候帮过你，现在有求于你，而你心有余而力不足，但他不相信，认为是你忘恩负义，故意不帮助他……遇到这些问题，你该怎么办？要记住，你不是神仙，也不能呼风唤雨，有求必应，该拒绝的，就必须要拒绝。如果不好意思当场拒绝，轻易承诺了自己不能、不愿或不必履行的职责，事办不成，以后你会更加难堪。

拒绝会让你拥有一种自控力。而实际上，学会拒绝并不是件难事。我们先来看下面的一则案例：

陈平是一名部门主管，当初公司把他调到这个部门的时候，他就不大乐意，因为他早有耳闻，这个部门的前任主管在管理团队的时候，喜欢事必躬亲，什么都为手下安排得妥妥当当，部门大事小事总是一把抓，因此，此部门员工没有得到很好的工作历练，在公司所有部门员工中是能力最低的。但既然公司已经下达了指令，陈平只好硬着头皮上了。

报到的第一天，秘书小林就对陈平说："主管，我之前没有做过这类的报表，你帮我做一下吧。"

听到这话，陈平觉得很诧异，做报表在公司一直都是秘书的本职工作，小林的请求实在是太过分了，他很生气，但一想到，要是第一次就这么严厉地对待员工的请求，势必会让自己在下属心中留下不好的印象，因此，想了想之后，他对小林说："不好意思啊，今天我刚来，事情太多了，等忙完这周的话，你再把数据表拿来。"

一听到陈平这么说，小林心想，这份报表周五前必须要交到公司财务部，哪里还等得到下周？于是，她只好自己去处理了。

这招果然奏效，后来，陈平用同样的方法摆平了很多下属们的请求。案例中的主管陈平可谓是一片苦心，为了让下属能尽快成长起来，他觉得让下属自己动手更有积极的意义，于是，面对秘书的工作求助，他采取了拖延的策略加以拒绝。这种心理策略很简单，对于你不想答应的请求，你完全用不着下决定，用不着点头或者摇头，而只要让来请求你的人迟些再来。例如，你可以说："我的任务现在排得满满的，你能不能两个礼拜以后再来找我？"如果这个人不错的话，他会把两星期后再来找你这件事加进自己的备忘录里。要是这人不地道，他们肯定早把你忘了。有的时候如果你连着拖延了两回，那个人就会放弃了。

的确，拒绝别人或被别人拒绝，是我们每个人一生中每天都可能经历的事情。这是人生中非常真实的一面，谁都会遇到这样的经历，朋友、同事，甚至领导来找你帮忙，但有时他们所提出的要求是你没有能力或不愿意去做的，此时，我们就要学会拒绝他们的请求。当然，拒绝绝非简单地说"不行"，而要阐明不行的理由，让对方知道你的难处，从而理解你。这样你才不会因为拒绝对方而得罪对方，影响你们之间的情谊。

当然，这只是拒绝他人的一种方法，具体来说，我们在拒绝他人时，还需要掌握其他一些要点：

1.态度要真诚

我们之所以拒绝对方，多半是因为我们实在无能为力，而表明难处，也是为了减轻双方的心理负担，表明并非捉弄对方。因此，拒绝他人，态度一定要委婉、真诚，特别是上级对下级的拒绝、地位高者对地位低者的拒绝等，更应注意自己说话的态度，不可盛气凌人，要以同情的态度、关切的口吻讲述理由，争取他们的谅解。而在结束交谈的时候，还应再次表明歉意，热情相送。

小张是公司的一名小领导，员工的工作他必须参与，上级领导的工作他也不能推卸，因此，他经常忙得焦头烂额。最近，他负责一项权责以外的工作，弄得头昏脑涨。因为是第一次经手工作，不明白的地方很多，所以常在思考上花费很多时间，导致工作进度很慢。偏偏在这个时候，上司又要求他去参加拓展业务的研讨会。

小张不自觉地就用比较强烈的口气拒绝说："不行啊，我现在根本就没时间参加什么研讨会。"

上司听后，似乎心头也起了一把火，很不满地说："好吧，那从此以后就不再麻烦你了！"

显然，小张的言辞上有不妥之处。遇到这样的情况，首先要先将上司的请求当做指示、命令。一道命令下来，就没有拒绝的余地。在这种背景下，如果不留余地地拒绝，上司肯定会发火，而且也让上司的面子挂不住。这个时候，我们可以先说明一下自己的处境。一般来说，如果将自己的难处真切地说出来，上司是能体谅并且接受你的拒绝的。

2.不要伤害对方的自尊

人都是有自尊心的。当你在拒绝别人时，一定要先考虑到对方的感受，在选用表达的词语时应准确、委婉。

3.为对方找个出路

直接拒绝对方难免令人失望，此时，你不妨再为其指一条明路，如"这件事我实在没有时间帮你去办了，你不妨去找某某试试。""这份资料我这几天就要用，不过图书馆还有一份没借出去，你赶快去应该可以借出来。"因为对方有了其他"出路"，他对你的拒绝也就不会太在意了。

总之，在拒绝他人的时候，注意以上几点会帮助我们将拒绝带来的不愉快降到最低程度。

自信，是自控的起点

生活中，人们常说："你自己永远是信任你的最后一个人——哪怕全世界没有一个人信任你了，还有你自己信任你自己。"列宁也说过："自信是走向成功的第一步。"在如今竞争日益激烈的时代，如何才能成功，如何让别人看到自己的光芒？最起码的，请从相信自己开始做起……一个自信的人，才能做到相信自己，才不会随波逐流、才不会趋之若鹜、才能不走寻常路、才能最终取得成功。

自信，是建立在正确的自我认知的基础上，是相信自己能达到一种目标的表现，而反过来，自卑则是只看到自己的缺点和不足，看不到自己的优点和长处，是不相信自己、自我贬低的表现。自卑者很害怕失败，在与人交往时更显得行为退缩、被动。

华裔女主播宗毓华曾说过："不要怀疑自己的才华"，她之所以能够以一名华裔女子跻身在人才济济的美国电视圈，受到大众的肯定和喜欢，就是因为凭借她的才华和自信。的确，只有自己相信自己，才能在挫折连连的时候努力走出自己的路，不因别人而放弃自己。没有任何人可以放弃你，除非你先放弃了自己。

畅销书作家刘墉曾经有过这么一段经历：

《萤窗小语》是他的第一本书，书撰写完之后，他找了几家出版社，但是没有一家出版社愿意给他出版，后来，他不得不自己出钱出版，但连他自己也没有想到的是，这本书的市场反应这么好，书的销量很好，这让那些曾经拒绝他的出版社跌破眼镜。

可以说，刘墉在文坛有了一定的成就，而也正是因为曾经他人的看不起，才让他有了今天。对此，刘墉自己又有另外一个说法，他说："当你站在这个山头，觉得另一座山头更高更美，而想攀上去的时候，你第一件要做的事，就是走下这个山头。"所以，即使今天的刘墉已经成功了，但他并没有因为别人的眼光而改变什么，他一直坚持自己认为应该坚持的，而这，才是真正的自信。

的确，无论任何时候，唯有自己相信自己的才华，别人才可能相信你，自己若不放弃，别人又怎么能放弃你呢？

可见，"自信"是一种力量，是一种涵养，是一种品质。只要你有自信，哪怕你身处险境，也能平静而坚强地面对一切，面对人生。然而，生活中的一些人，他们却因为自身存在的某些缺点而自卑，甚至把自己人生的主导权交给他人，不难想象，这样的人不会有什么大作为。

没有人是毫无缺点的，只是如果我们将缺点无限制放大，那么它将会腐蚀我们的心，阻碍我们成功，我们就会长久自卑；而如果我们能正视缺点，并将它们限制在一定的范围内，它们就会成为我们努力和奋斗的催化剂，助我们成功。

那么，我们该怎样历练自己的信心呢？

1.正确认识自己，接纳自己

一个人要对自己的品质、性格、才智等各方面有一个明确的了解，方可在生活中获得较为满意的结果。除此之外，不要讨厌自己，不要因为自己羞怯就容忍自己的短处。一个人不要看不到自己的价值，只看到自己的不足，什么都不如别人，处处低人一等。

2.学会正确与人比较

拿自己的短处跟别人的长处比，只能越比越泄气，越比越自卑，有的男孩因为学习不好而产生"无用心理"就是这个原因。

3.做自己能做好的事

社交活动中，每个人都在扮演着自己的角色。其实，你没必要刻意地表现自己，只要你做好自己的本职工作，并且做到专注、认真，那么，你的个性魅力就会释放出来。总之，你要做好计划，要了解当下你需要做什么，然后加以实践。你没有必要非要扮演交际中的中心人物，没有必要做出伟大、不平凡的行动，只要做自己能力所及的事就足够了。

4.自我激励

人的自信是一种内在的东西，需要由你个人来把握和证实。所以，在建立自信的过程中，一定要学会自我激励。比如，在你遇到重要的事情，需要鼓起勇气来面对时，你可以说："我是自信的，我有实力，我的专业能力是最棒的！"

这样可以增强自己内在的信心、激发自己内在的力量，从而成功地达到你的目的。当然，这种激励只是一种临时的办法，要想长期在自己的内心建立自信，就需要不断地激励自己，直到形成习惯。

如果我们按照以上四点来不断修炼自己的信心，你就会感到自信心在滋长，你在别人心中的威信也会不断增长！

自信，是一种对自己素质、能力作积极评价的稳定的心理状态，即相信自己有能力实现自己既定目标的心理倾向，是建立在对自己正确认知基础上的、对自己实力的正确估计和积极肯定，是自我意识的重要成分。我们每个人都应该在内心不断储存自信的能量，摒弃自卑心理，因为这两颗种子，会孕育两种完全不同的人生。自卑者只能自怨自艾，抱怨命运；而自信者一生所向无敌，终会收获成功。

第四章

高效做事，培养执行力是让梦想开花的唯一途径

立即去做，你的想法才能实现

无论我们有多少智慧、多少创意、多少决策和管理能力，我们经常从事的还是执行的事情，所以一个人执行力的好坏决定了他是否能够升职、是否能加薪、是否能走向决策层，所以说执行力就是一个人最终成功的保障。马云曾经说过这样一句话："孙正义跟我有同一个观点，一个方案是一流的'Idea'加三流的实施；另外一个方案是一流的实施加三流的'Idea'，哪个好？我们俩同时选择一流的实施加三流的'Idea'。"所以说执行力在人们成功的过程中扮演着最重要的角色。

那么执行力到底是什么呢？执行力指的是贯彻战略意图，完成预定目标的操作能力，是把企业战略、规划转化成为效益、成果的关键。执行力包含完成任务的意愿、完成任务的能力、完成任务的程度。对个人而言，执行力就是办事能力。简而言之，执行力就是把想法变成行动、把行动变成结果的能力。

一个人有想法是好事，但是如果不能把想法进行实施，变成能够体现自己价值的行动，那么再好的想法也是空想。我们可以看到，在历史上，我们有很多很有想法但是执行力却差得一塌糊涂的人。

在古代，有很多"坐而论道"的例子，他们都乐衷于坐在原地讨论政策的好坏，讨论怎样治理国家，却没有真正实施的才能。我熟悉的最有执行力的人物就是商鞅，他运用的大概是法家的理论，因为他很注重变革，他在实施自己的变法之前，在国都集市的南门外竖起一根三尺高的木头，告示：有谁能把这根木头搬到集市北门，就给他五十金。有个人壮着胆子把木头搬到了集市北门，商鞅立刻命令给他五十金，以表明他说到做到。然后他下令变法，新法很快在全国推行。

在一个企业里，决策很重要，但是如果不能得到推行，或者贯彻它的人总是打折扣，把本来很好的策划执行得似是而非，那么它的发展就不可能很好。在我们的企业里，并不缺少先进的管理经验，也不缺少先进的经营理念，缺少的是照章行事的执行力。如果一个企业能够按照上层的想法，不折不扣地执行下去，那么很快就能够看到成效。

一个人想要成功也是这样，有想法是好事，但是仅仅停留在想的阶段，而不去行动、不去实施，那再好的想法也不可能为自己的人生创造价值。从现在开始，你一旦有一个想法、一个念头，就应该把自己的这个想法、念头记录下来，然后进行完善，使它成为一个具体的、明确的可以执行的主意、想法、策划，然后制订出具体计划，立刻行动，去实现这个想法。可以先从简单的开始，训练自己立刻行动的特质，只有拥有这种

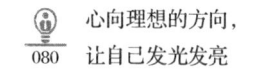

特质，你才可能逐渐走上成功的道路。

执行的路上肯定会遇到困难，但是一定要相信，方法肯定要比困难多，多想办法，想出不同的方法解决问题，这样才可能真正实现自己的想法。只要知道我们需要达成的目标是怎样的，就不要畏惧困难，更不要退缩；不断寻找方法，解决难题，只有这样我们才可能最终实现梦想。非凡的执行力是一个人成功的关键，我们必须让自己具有这种能力，凡事都可能完成，不要找借口，只要积极寻找方法，相信自己就能解决所有困难。

想法、目标每个人都有一点，计划有的人有，有的人还不完善，而执行了的人却没有几个，这就是人们的差距会有这么大的原因。不同的人有不同的执行能力，我们一定要训练自己在执行之前就想清楚所有可能出现的问题，最终朝着我们的目标前进，这样才可能更好地完成任务。把想法变成行动，变成结果，是一种非凡的能力，有的人善于做具体的事，善于落实；有的人则不善于。不善于也没有关系，如果你能够找到善于帮你落实目标的人去执行，也是一种方法。

不过在此之前，你一定要有立刻行动的决心，坐而言、坐而思只能形成方法，起而行才可能有成果。

拒绝拖延，督促自己高效率地解决问题

拖延形成的根本原因到底是什么呢？有些人天生就是慢性子，所以做任何事情都慢慢吞吞的，哪怕事情迫在眉睫，他们也无法因为着急而忙碌起来。有些人则是因为后天的不良习惯，最终养成拖延的恶习。既然是习惯，当然就是可以改变的，诸如在做事情的时候有意识地规定时限，对于长期的任务还可以给不同的阶段规定时限，这样坚持下去，拖延的坏习惯就能得以改变。最可怕的是，有些人对于自己的拖延无知无觉，根本意识不到自己是在拖延，当被催促的时候，他们还会觉得很委屈，觉得自己已经竭尽全力了。不管出于哪种情况的拖延，我们都要正视和面对，有意识地改变自己的行为习惯，从而提高效率。

在计划中给出时限，从而督促自己高效率地解决问题，督促自己加快行动的节奏，这是戒掉拖延症的好方法。很多拖延症患者都会把拖延的原因归咎于外界，或者抱怨条件不给力，或者抱怨合作伙伴没到位，或者抱怨他人没有解释清楚要求，这样无疑是自欺欺人的。很多时候，还有些人会因为意志力薄弱，做事情总是半途而废，无法坚持到底，不得不说这是因为自身缺乏毅力。假如能够提升自己的意志力，让自己变得坚韧不拔，那么哪怕遭遇更多的坎坷和挫折，也总能够不遗余力地

进行下去，这样才能避免拖延的噩运，迎来好的结果。哪怕是一时冲动想要做某件事情，真正意志坚强的人，也会一往无前，直到取得最终的结果。

很多人对于拖延的后果觉得无所谓，非常轻视，但是拖延不仅会给我们的人生带来严重的后果，还会让我们陷入无穷无尽的烦恼。趁着拖延还没有让人生无法挽回，我们要从现在开始就给自己设定完成各种事情的期限。古人云，"明日复明日，明日何其多，我生待明日，万事成蹉跎"。就告诉我们，拖延最终会使人生成为不可追忆的往昔，人生也必然在拖延中彻底消失。常言道，有志者立志长，无知者常立志。树立志向只是人生的第一步，唯有坚持梦想、持之以恒，同时根据计划按部就班地完成每个人生阶段的重任，才能让人生更充实，才能让未来更可把握。

琳达是一名自由职业者，主要负责给图书配图。因为工作时间灵活自由，也不像全职工作者那样必须按时按点地上班，所以她深受拖延症的折磨。刚刚从事自由工作时，琳达每天都睡到自然醒，再洗漱完，往往已经到中午时分了。一个月之后，琳达决定不再放纵自己，而是要按时按点地起床，充实地度过每一天。但是，第一天，她失败了，虽然闹铃8点就响了，但是她直到11点多才起床。第二天，闹铃7点半就响了，她关掉闹铃，继续昏昏沉沉地睡去，直到十点多才起床。接下来的每一天，她都不能按时起床，而且睡的时间越长，越觉得困倦。最终，她不得不让朋友到她家里来，把她摇晃醒。转眼之间，她接到的第一份配图工作距离交稿还有10天的时间，但是她的工作完成了还不到四分之一。琳达真的要崩溃了，这可是自砸招牌的事情啊。为此，在剩下的10天里，她每天都工作到凌晨，彻底变成了熊猫眼，但可想而知工作效率并不高，工作的质量也没有保障。

第一次交稿，琳达就被客户提出各种意见，但是好歹给了她更多的时间进行修改和完善。时间一充裕，琳达的拖延症又犯了。为了帮助琳达彻底戒掉拖延症，朋友不得不入住她的家里，以强势手段帮她养成良好的作息习惯。后来，琳达也给自己制订了详细的工作计划，每天都要在规定的时间里完成一定的工作量，否则就不能吃饭睡觉。如此逼了自己一段时间，她的拖延症有了很大的好转。

很多人都觉得计划只是一种形式，没有太大的作用，甚至还会变成一纸空文。实际上，计划是否只是形式，并非取决于计划本身，而是取决于我们执行计划的力度和决心。当我们戒掉拖延的坏毛病，每天都按照计划完成工作，兑现生活的许诺，就会感到非常充实，似乎每一天都是有意义的，都是让人愉快的。反之，当我们把辛辛苦苦制订的计划抛到脑后，而肆意地拖延时间，那么我们一定会感到空虚和惶惑不安。当你习

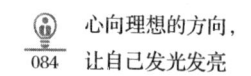

惯于计划，习惯于在规定的时间内完成工作，你就能心无旁骛地休闲，也才能更好地享受生活。

很多人之所以拖延，归根结底是因为缺乏意志力。当我们在制订计划的时候规定时限，甚至规定具体的时间，在第一次努力按照计划完成生活和工作时，我们会感受到成就感，也为自己的坚忍不拔点赞。这样充实而又脚踏实地的感受，是每个人都愿意拥有的。从现在开始不要再为自己无限的拖延而觉得心虚，努力完成计划，你就会感受到不拖延的美好生活。

做好时间规划，让每一步走得更从容

时间对每个人来说都是公平的，不管你是穷人还是富人，不管你是普通人还是高官，你所拥有的时间都没有改变。时间是组成生命的材料，而每个人的生命都是有限的。我们无法控制生命的长度，更不知道人生会在何时以何种方式结束。既然如此，就让我们把握生命中的每一天，把每一天都当成最后一天那样充实地度过。这样一来，我们无形中就拓宽了生命的宽度，也使得我们的人生变得更有意义。

一个人，即使拥有远大的志向，如果始终不能把一切设想都落到实处，那么也必然会让人生空洞。有意义的人生，从来不会浪费宝贵的时间。把握时间的方式有很多，珍惜时间固然是优秀的品质，而提升在有限时间里的效率，让有限的人生散发出无限的光芒，同样是对时间的一种把握。生活中，有很多人都对时间漫不经心，更有很多年轻人仗着自己还年轻，肆意挥霍时间。不得不说，浪费自己的时间是慢性自杀，浪费他人的时间是谋财害命，一个真正值得尊重的人首先是守时的人，其次才能寻找到人生的意义，让人生充实丰满。

大多数成功者，都是与时间赛跑的人。那些举世闻名的科学家，无一不投入所有的时间和精力全神贯注地做好一件事情。当我们跑到时间前面时，我们也许就能把一天24个小时变成30个小时。如果我们远远地被时间甩下，那么我们一天的24个小时也许就会大幅缩水，甚至变成20个小时。这样一来，我们与成功者之间就每天都相差10个小时，也难怪成功者总是遥遥领先于我们，让我们即使竭尽全力，也无法追上他们的脚步。古人云，一着不慎满盘皆输，我们也要说，一旦错过时间，就要付出加倍的努力才能追赶上。意志力薄弱的人，也许就这样败给了时间，变得默默无闻。

现代职场，人们每天都在进行快节奏的生活，更是被沉重的工作压得抬不起头来。时间似乎转瞬即逝，点是不够用。所以职场人士要想取得成功，就更要不遗余力地跑到时间前面，也跑到那些与我们旗鼓相当的人前面。有的时候，抓住时间就是抓住机遇，就会赢得机会。一个人即便能力再强，如果不能合理地利用时间，成就也会大打折扣。其实，要想高效利用时间，还可以采取统筹的方法安排时间，这样原本用于做一件事情的时间可以用来做好几件事情，当然就相当于延长了生命的长度，拓展了生命的意义。

大多数自主创业者在事业刚刚起步的前几年，总是非常忙碌，根本没有时间休息，更别说抽出时间来陪伴家人了。然而，这一点在刘猛身上却协调得非常好。刘猛不但把事业做得风生水起，还是一个合格的丈夫和爸爸，也是一个孝顺的儿子。很多人都疑惑刘猛是如何做到这一点的，刘猛总是笑着说："如果想做到，总是可以做到的。"

原来，刘猛也很忙碌，但是除非有应酬，他一到下班时间就回家，与此同时，他也不要求下属们加班。他总说，一个人只有成功地生活，才能高效地工作。一个人如果连生活都安排不好，工作上也必然失败。回到家之后，刘猛很少再工作，而是全心全意地陪伴妻子和孩子。为了弥补工作时间的不足，他会比下属提前两个小时到达单位。诸如大家都是九点上班，他却七点就到单位，先制订好一天的工作计划，处理最着急的工作，再浏览时事新闻，准备会晤客户的资料。等到大家都来上班时，勤奋的刘猛已经处理完一天之中的大部分工作，这样等到公司开始运转时，不管遇到什么突发状况，他都能抽出时间来处理。每天吃午饭时，刘猛从不单独一个人，他或者邀请客户共进午餐，或者和一位下属一起用餐。借着吃饭的时间，他们可以进行简单的交流，由于气氛轻松惬意，交流的效果往往很好。就这样，整个白天刘猛都像个陀螺一样高速旋转，正因为如此，在下午下班之后，他才能心无旁骛，也不会因为工作上的事情分神。和大多数创业者不同，刘猛把自己的时间安排得非常合理。他之所以不像其他创业者那么忙碌，就是因为他很善于统筹利用时间，也能最大限度提高时间的利用率，从而事半功倍。和那些因为忙于工作、而忽略了家庭和亲人的人相比，刘猛无疑是人生赢家，也是时间的主人。

对任何人而言，时间都是非常公平的。不管我们是在忙碌还是在发呆，也不管我们是在奔波还是在原地踏步，时间的脚步从来不会停下来等我们，也不会因为各种原因突然加快。时间就这样滴滴答答地往前走，我们与时间并驾齐驱，才有机会成为人生的领跑者，才能更从容地享受生命中美好的时光。

在精力最佳时间做最重要的事情

微软亚洲研究院院长兼首席科学家张亚勤在接受访问时说，他个人保持头脑清醒、提高创造能力的方法是不管多繁忙，都坚持每天下午一点半到四点半这3个小时的"脑筋自由时间"，用于思考、阅读及写作，他的秘书从不在这时候帮他接进任何电话。

台湾经营之父王永庆，每天晚上九点半睡觉，午夜十二点半起床，一直到清晨6点再回去补觉。每天深夜到清晨这段时间，完全用于决策、阅读与思考。

上面两个例子说明，许多成功的人物都有一种特殊的时间安排计划，我们称为"最佳工作时间点"。事实上，每个人在一天当中，都有一段特定的时间，是精神状态最佳的时段，大部分成功的人都会找出每天精神状态最好的时段，将这段时间预先计划保留下来，用于从事最重要、最具挑战性的工作。

所以，从时间管理的观点来看，在最有精力的时段做最重要的事，是提高时间利用效率的秘诀之一。

众所周知，最理想的做事策略，是在精力最佳时间做最重要的事情。

那么，究竟什么时间是我们的最佳时间呢？这在很大程度上取决于我们的用脑特点和习惯。医学家和生理学家对很多人进行了大量的观察和研究，根据其生理活动周期性变化的特点和规律，把人们分为"百灵鸟型""猫头鹰型"和"混合型"。

"百灵鸟型"的人黎明即起，情绪高涨，思维活跃，这些人喜欢在早晨5—8点进行最复杂的创造性劳动，如作家姚雪垠、数学家陈景润习惯在凌晨3点投入工作,俄国文豪托尔斯泰、英国小说家司格特也习惯于早晨写作。

"猫头鹰型"的人则恰恰相反,他们每到夜晚脑细胞便进入兴奋状态,精神饱满,毫无倦意,这些人乐意在晚上工作,尤其是晚上8点至深夜,他们认为这是"奇思常伴夜色来"的最佳用脑时间。

"混合型"的全天用脑效率差不多,但相对而言在上午8—10点和下午3—5点效率较高。就整个人群来说,混合型人是绝大多数,约占90%。

如果我们把效率高峰点的概念引进我们的生活,充分利用最佳时间做最重要的事,将会收到事半功倍的效果。

在时间的利用上,我们将最佳时间划分为"内在的最佳时间"和"外在的最佳时间"。所谓"内在的最佳时间"是指一天自然的活动时间,如早晨、中午、晚上等;而"外在的最佳时间"则是指与社会、工作相适应的时间,这些都与个人的职务、社会活动、家庭生活等有直接的关系。

"内在的最佳时间"一般以2小时为一个阶段。因此,工作中应该善用这两个小时来发挥自己的潜能。如果最佳时间安排不当,往往会造成工作上的不愉快。

邓女士每天在孩子上学、丈夫上班后,便感到精力充沛。于是,她很快地整理家务。但是,当完成整理家务后,想再做自己想做的事时，就感到精力疲乏起来。这就是她对"内在的最佳时间"的运用不当所致。

很显然，邓女士是属于"混合型"的人。所以，当她感到精力充沛时，应该先完成自己想做的工作，等到疲倦时，再来进行零碎的家务整理，这样在工作时间安排上比较适当。

相对于"内在的最佳时间"，"外在的最佳时间"的安排似乎更重要且困难得多。但是，只要在事情的处理上，能够掌握得好，其实还是很容易的。因为所开发出来的，是外在时间的源泉，事情一有转变，就会影响往后一大段时间的安排，不必像安排"内在的最佳时间"一样，每天都得注意。

例如，对一个推销员来说，他的"外在的最佳时间"是上午8点到下午5点之间。这段时间是人们活动最频繁的时间，也是推销最为有效的时间。如果能加以适当地善用，他的推销业务一定是理想的。

对"外在的最佳时间"的运用安排，必须同时考虑其他人时间运用的合适度，两方面才能相辅相成。譬如，推销员在"外在的最佳时间"推销时，就应避开别人的休息时间，以免打扰别人。从对方的角度来看，对方也是利用他"外在的最佳时间"和你一起进行工作。

一位公司的员工发现他的上司平常很少外出。所以，该员工除了在工作时间内会进入上司的办公室外，其余时间，绝不去打扰他。后来两人的关系越来越融洽，而且非常有默契。

　　与自然界运动具有周期性一样，人的思维、情绪和各器官运转都有严格的时间节拍，人们形象地称为"生物钟"。它控制着人们的生理活动和精神活动，在日常生活中，人体中大约有四十多种生理过程都受生物钟支配，即使长期卧床或者在小黑屋中与世隔绝几个月，生理活动仍照常进行，而且与正常生活的人没有明显差异。

　　如果根据你的"生物钟"确定好你的最佳时间，然后安排工作，而不是跟它作对，那么，你就能够干得更多，并以较少的时间、较轻的体力耗费和较小的工作强度取得最大的效率，而且也不会那么快就感到累，精神集中力会更持久、更高，这样，失误率也将降低。

　　在美国曾经流传过这么一个笑话：说是第二次世界大战，如果罗斯福和丘吉尔二人的节奏一致的话，日本人可能败得更早。为什么呢？

　　因为罗斯福便是典型的"百灵鸟型"。"二战"时，他每一想到有关攻击日本的好构想时，马上用国际电话把尚在伦敦甜睡中的丘吉尔叫醒，但刚睡着就被叫醒的这位英国首相，还在睡眼朦胧中，无法发挥犀利的头脑；反之，在夜深人静才能发挥高度智慧的"猫头鹰型"的丘吉尔，一有了好的构想，也经常突然把罗斯福从温暖的睡床上叫起来……如果这种"百灵

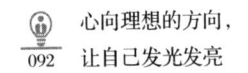

鸟型"和"猫头鹰型"能趋于一致的话,这两位巨头的工作效率不知要提高多少倍。

此事是否属实,尚待考证。但如果能根据同僚和部属们的最佳时间来安排工作,的确能够达到事半功倍的效果。

紧迫感是时间管理的动力

虽然每个人每天都拥有同样的时间,但是随着个人用法的不同,还是会产生天差地别的结果。为此,效率成为很多人尤其是职场人士关心的话题,而高效率工作的第一步就是要有紧急意识,紧迫感是不断促进我们做好时间管理的动力。

我们先来看看某公关公司的市场部经理琳达是怎么工作的:琳达是个做事雷厉风行的人,从她进入这家公司不到3年的时间,她就从一名市场专员晋升为经理,有这样的工作成绩,与她高效率的工作是有很大的关联的。

一次,在公司内部会议上,有下属问到她的工作心得,她这样阐述:"我们是专业的公关人士,对我们最重要的是什么,是效率!我们的客户最重视的也是时间。所以,任何时候,我们都要有紧迫感。我建议大家,工作中,能电话解决的问题就尽量不面谈,能自己解决的问题就不要兴师动众地开会,能立即做的事情就不对坐闲扯,能当面交代的事不行文下达。大家看,为了能节省时间,我现在已经搬到办公室附近的地方住了……"

这里,琳达确实有自己一套节省时间的方法,值得上班族学习。

一般上班族每天高效工作的时间只有两小时。而原因之一就是我们总认为自己有很多时间,没有做事的紧迫感。不少人上班时间要么是闲聊,要么是上网,到了下班时间才紧赶慢赶,要么坐等下班。

在飞速发展的时代,时间就是金钱,时间就是生命。没有哪位上司喜欢低效率的员工,因为工作效率是企业的生存之本,也是员工在企业中的发展之本。优哉游哉的心境适合逛商场,而不是职场。无论从哪个角度看,我们都应该珍惜时间,培养出快节奏的工作习惯。

具体来说,我们应该这样做:

1.有计划、有方向地做事

每日为自己制订一个工作计划,做一个工作列表,把每日需要做的具体工作按照轻重缓急排列。另外,相似的工作最好排在一起,便于思考。先处理紧急的工作,再处理重要的工作,最后处理简单、缓慢的工作。制订工作计划,每日的工作才有方向,才不走冤枉路,而没有方向瞎忙活,再努

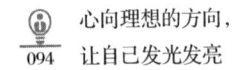

力也是枉然。

2.做事专注

工作时一定要集中精力，全身心地投入工作，避免分心，要学会善于集中精力做一件事，而且是做好这件事。工作切忌三心二意，那样只会捡了芝麻掉了西瓜，甚至哪件事都做不好，让别人否定你的能力。

3.简化工作

将简单的东西复杂化不是本事，将复杂的东西简单化才是能耐。当工作像山一样堆在你面前时，不要硬着头皮干，那样根本做不好。首要的任务就是将工作简化，当面前的大山被你简化成小山丘时，是不是豁然开朗？

4.使用辅助工具

现代社会，办公室工作早已脱离了纸笔，会工作的人都善于运用一些辅助工具。例如，简单的电脑办公软件有Word、Excel、PPT等，它们帮助我们编辑文件、分析统计数据等。我们还可以使用手机的记事本、闹钟、提醒、计算器等功能，帮助我们记录、提醒重要事件。

5.不断更新专业知识

只有不断更新知识、不断学习，才能更有效地应对日新月异的职场问题，处理高难度的工作难题，才能比别人更优秀，才能提高工作的应对能力，比别人更有效率。

6.充分休息

保证充足的睡眠，不仅能恢复当天体力，还能为第二天提供充沛的精力。睡眠在人的生活中占据相当重要的地位，在一天的24小时中，睡眠占1/3的时间，可见睡眠是不能应付的。只有身体、大脑得到充分的休息，我们才能有旺盛的精力投入工作中，才能提高工作效率。

7.劳逸结合，会休息才会工作

不能一味地埋头工作，就像老牛拉犁一样，人的体能是有限的，大脑也是需要休息的，超负荷的工作只能降低工作效率，产生事倍功半的结果。不会休息就不会工作，适当地放松一下，工作间隙站起来活动15分钟，喝杯水，听听音乐，都可以让身心放松下来。工作时要为自己保留弹性工作时间。

8.平衡工作和家庭

我们除了要工作外，还要照顾好家庭，对此，我们要做到平衡处理。

（1）工作和家庭生活要划清界限。对家人做出承诺后，就一定要做到。制定较低的期望值以免造成失望。

（2）学会忙中偷闲。不要一投入工作就忽视了家人，有时10分钟的体贴比10小时的陪伴还受用。

（3）学会利用时间碎片。例如，家人没起床的时候，你就可以利用这段空闲时间去做你需要做的工作。

注重有质量的时间——时间不是每一分钟都是一样的，有时需要全神贯注，有时坐在旁边上网就可以了。要记得家人平时为你牺牲很多，度假、周末是你补偿的机会。

总之，我们需要明白的是，时间就是金钱，时间就是效率，时间是最宝贵的资源，时间不能消费，也不能买卖。我们工作时一定要有时间意识，消耗时间就是消耗青春，虚度光阴。连工作都做不好更谈不上效率，没有人会赏识这种人。所以一定要加强紧迫感，在做每一项工作时都要有紧迫的意识，不断地督促自己。

永远要保证自己在做重要的事

生活中，我们常说"有舍就有得"，舍与得本来就是相互依存的。同样，在我们的工作和生活中，我们要想提高做事效率，就不可能把所有事都做好，毕竟我们的精力和时间有限，所以，效率专家建议我们，永远要保证自己在做重要的事，一些不重要的事，我们可以用较少的时间去完成或舍弃不做，这才是提高效率的要义。秉持这一原则做事，必定事半功倍。

小刘因为工作努力，年纪轻轻就当上一家食品公司的车间主任。从事这个行业以来，他一直兢兢业业，也深受上级领导的赏识和信任，但他也有自己的苦恼：身为车间主任，原本他的工作是管理工人，但实际上，很多时候，面对工人的懒惰，他实在无法管理。

例如，上个星期一，他要去外地出差，临走之前，他交代员工要将客户紧催的一批货赶出来，并且要严把质量关。

小刘心想，在他回来之前这批货应该能出厂了。但情况再一次出乎他的意料，当他回到公司以后，发现这些工人不但没有赶工，反倒忙自己的事情去了。气急的他问员工小王："我交代你的事情你做好了吗？怎么有时间玩手机？"

"是吗？这批食品不一直都是A组负责吗？"小王很诧异地回答道。

小刘又找A组的小秦，没想到小秦的回答是："您出门之前不是找了B组的人谈话吗？"

此时的小刘已经什么都不想说了，现在他能做的，就是拖着疲惫的身体替员工干活。

小刘在工作中出现了什么问题？他是一名管理者，他的工作重心应该是管理，而不是亲力亲为去做下属的工作。

真正懂得高效率做事的人，一定是懂得如何舍弃的人。被我们羡慕的那些成功者其实都不是神通广大的人，他们也不可能做到"一心几用"。摒弃完美主义，我们必须掌握一个原则——确保自己永远在做最重要的事。事实上，从宏观角度看，这能为我

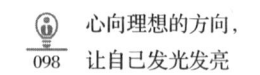

们省去很多不必要的麻烦,也绝不会有太大的风险。

我们经常有这样的感触:一天内,我们除了工作外,还需要生活、休息、娱乐,我们要做的事情实在是太多了。单以工作为例,我们也有做不完的报表、开不完的会、见不完的客户……于是,我们会选择做个时间计划表,将时间安排得满满当当,所有事务也都被安排进去,但实际上,我们在执行的时候,依然发现很难完成。这是为什么呢?因为这份计划表缺乏条理性。

无论是工作还是生活,都是要有章法的,不能眉毛胡子一把抓,要分轻重缓急。这样才能一步一步地把事情做得有节奏、有条理,达到良好的结果。法国哲学家布莱斯·巴斯卡说:"把什么放在第一位,是人们最难懂得的。"

那么,我们该怎样保证永远在做重要的事呢?

对此,效率专家的建议是,要按照事务紧急和重要程度来安排时间。

大致来说,事务可以分为四种类型,管理者应该根据每种事务的类型来安排工作的先后顺序。

1.紧急且重要

这类事指的是火烧眉毛之事,如事关企业效益的事、重要会议、亲人生病需送医院等。对于这类事,一般都不可马虎,在众多事中,理应首先处理。

2.紧急但不重要

对于接打电话、批阅文件、日常会议等事务,也需要管理者赶快处理,但不宜花去过多的时间。

3.重要但不紧急

有些事务,诸如人才培养、远景规划等,看起来并不紧急,可以从容地去做,但却是管理者要下苦功夫、花大精力去做的事,是管理者的第一要务。

4.不紧急也不重要

包括无意义的会议、可不去的应酬等。对于这类事务,管理者可先想一想:"这件事如果根本不去理会它,会出现什么情况呢?"如果答案是"什么事都不会发生",那你就应该放慢脚步甚至是停止了。

总之,在工作和生活中每天都有干不完的事,唯一能够做的就是分清轻重缓急。要理解急事不等于重要的事情。只要我们合理安排时间,大可以不慌不乱,甚至有一些充裕的时间享受生活。

不做无头苍蝇,拒绝毫无成效地瞎忙

现代社会正处于飞速发展的时代,几乎每个年轻人作为社会的一员,都发自内心地渴望成功,渴望拥有辉煌的人生。

然而，命运总是捉弄人，很多人即便付出了努力，也依然与成功无缘。为此他们开始抱怨命运，抱怨人生的不公平，也抱怨自己的运气不够好。殊不知，成功并非完全取决于天时地利人和，更多的时候，如果我们的努力自欺欺人，就会导致事倍功半，甚至还会事与愿违。如此一来，我们自然会与成功渐行渐远，甚至彻底与成功绝缘。

一个人只有真正认识自己，客观评价和分析自己的能力，才能认清楚人生的方向，也才能找到人生的目标所在。所以，当你总是与成功失之交臂，千万不要抱怨成功从不青睐你，只有反思自身，更加卓有成效地付出，我们的努力才能起到事半功倍的效果。

作为一名兼职的编辑，娜娜的主要工作就是与文字打交道。当然，随着时间的流逝，她的文笔越来越老练，也因此有了稳定合作的图书出版公司。有段时间，娜娜在朋友的介绍下认识了一家图书出版公司的总编。在与总编第一次合作时，娜娜主要负责为总编深度整合与改写关于丘吉尔的文稿。对于这份工作，娜娜颇有些小聪明，在给总编样稿的时候，她特意没有用出十分的力气，而只用了五六分的力气。原来，娜娜认为：倘若我一开始时就主动按照高标准、严要求完成稿件，那么也许总编会更加得寸进尺，因为他总要提出一些意见的。相反，假如我只花费五六分力气就完成样稿，万一侥幸通过，接下来只需要按照样稿水平即可完工，还能省点儿力气呢！

正是出于这样的想法，娜娜对于样稿并没有像平日里工作那样百分之百地投入，其实她也很奇怪，因为她对待工作一向严肃认真，一丝不苟，不知道这次怎么就萌生了偷懒的想法！果然，她交上去的样稿通过了总编的审核，在接下来的工作中，她始终付出五六分的力气。然而，等到真正通稿完成之后，总编看完稿件却说完全不合格，都要重新来过。娜娜觉得这简直世界末日，这可是几十万字的稿件啊，如果重头来过，那可比一开始就花费十分力气做好要付出更大的成本。为此，她非常犹豫纠结，最终却因为事情已经成为无法改变的事实，不得不硬着头皮花费了一个多月的时间，重新梳理稿件，加工完善。最终，娜娜花费在这个稿件上的时间远远超出了其他稿件的两倍之多，她懊悔不已，发誓以后再也不自欺欺人了。

在这个事例中，作为资深编辑，娜娜完全知道稿件需要加工到怎样的程度，也很清楚稿件质量不过关的后果，但是她却不知道头脑里的哪根筋搭错了，非要以身试法，最终得不偿失。对于这样的结果，她只能哑巴吃黄连，有苦说不出，因为她所有的努力都是自欺欺人，都是毫无用处的功夫，这也就注定了她只能付出更多，而且还会因此给主编留下不好的印象。

生活中，职场上，我们总是看到很多人行色匆匆，似乎自己就是全世界唯一日理万机的大忙人，甚至废寝忘食，食不知味。然而最终他们并没有取得多么伟大的成就，甚至连人生中最基本的工作都做不好，这到底是为什么呢？究其原因，很多人的忙碌实际上都是瞎忙，努力也是毫无成效、事倍功半的，因而尽管看起来一刻也不得闲，但是效果着实不好。

其实，与其自欺欺人、忙忙碌碌地度过一生，不如调整自己的心态，厘清思路，哪怕只做一件事情，也要把这件事情做到极致，这样才能最大限度地发挥我们自身的能力，也才能不遗余力地创造辉煌的人生。曾经有人这样评价那些看似忙碌实则瞎忙的人，说他们是因为无能，所以必须依靠不停地忙碌来证实自身的存在感和价值感，从而逃避自己的无能。不得不说，这样的总结真的非常犀利。

真正努力的人也许看起来并不是那么忙碌，他们该忙的时候忙，该闲的时候闲，根本不会为了工作放弃生活，也不会让生活中琐碎的事情占用自己所有的时间，导致没有时间消遣。他们深深懂得劳逸结合的道理，因而能够在最短的时间内高效地完成很多事情，从而让自己拥有更多自由自主的时间，也为此帮助自己获得更好的发展，成就精彩的人生。

第五章

制定目标，所有的成功都起始于明确的目标

目标明确，做事才有方向

忙大概是现代人的通病，我们总是匆匆忙忙，从未停下脚步来歇歇，然而，我们真的忙出成果了吗？相信大部分人的回答是否定的。既然如此，我们的忙就是无效的，也就是我们常说的"瞎忙"。之所以如此，是因为我们做事毫无头绪、没有目标。为此，效率专家建议那些做事效率低下的人，在时间管理中，一定要目标明确，按照目标做事，更有目的性。

那么，该怎样制定目标呢？我们先来看下面的故事：

在唐朝贞观年间有个和尚，要到西天去取经。他需要一匹马。长安城有一匹马，平时在大街上驮东西，结果被选中了。这匹马有个很好的朋友，是头驴子。平时驴子都在磨坊里面磨麦子。这匹马临走之前跟它的好朋友道别。道别完之后就走了。17年之后这匹马驮着满满的佛经回到了长安城。它受到了英雄般的欢迎。这匹马也一举成名。这匹马回到它当年的好朋友驴子的磨坊里，诉说起分别之情。17年里，这匹马见了浩瀚的沙漠、一望无际的大海，去过木头都浮不起来的黑水河，走过一个只有女人、没有男人的女儿国，还去过鸡蛋放到石头里能够煮得熟的火焰山。

这头驴子听着马的讲述，羡慕地流着口水说："你的经历可真丰富呀！我连想都不敢想！"这匹马就接着讲："我走的这17年你是不是还在磨麦子呀？"这头驴子说："是呀！"这匹马就问它："那你每天磨多少个小时呀？"这头驴子说8个小时。马说："我和唐大师当年平均每天也走8个小时，这17年我走的路程和你走的路程是差不多的。可是关键在于当年我们朝着一个非常遥远的目标，这个目标有多遥远，我们根本看不到边，可是我们方向明确，始终朝着目标迈进，最后终于修成正果。"

我们在笑话驴子的同时，是否也应该反省一下自己呢？实际上，很多人就过着如同故事中的驴子般的生活，每天工作8小时，每天都重复着同样的工作，每天的工作都是在原地转圈圈，毫无建设性的进展。就这样安于现状，10年、20年之后，当周围的人已经步入成功的殿堂后，他还在原地打转。而有些人，没有甘于围着磨盘打转，他们有梦想、有目标，并且认准目标就一直向前走，即使因为种种原因走了弯路，但是大方向是不变的，因为梦想在前方，在指引着他们，他们知道，那才是他们的终点。

美国一位心理学家曾经指出："如果一个铅球运动员在比赛的时候没有目标，那么，他的成绩一定不会很好。如果他心中有一个奋斗目标，铅球就会朝着那个目标飞行，而且投掷的距离就会更远。"这个比喻非常形象,它具体地说明了我们做事目标的重要性。当我们有了一个追求的目标时,才会有不懈的努力,向着心中既定的目标前进。

人生也不能没有目标,如果没有目标,就会像一只黑夜中找不到灯塔的航船,在茫茫大海中迷失了方向,只能随波逐流,到达不了岸边,甚至会触礁而毁。我们强调的做事要立即行动、绝不拖延,但这并不意味着我们可以盲目做事。事实上,如果在无目标的情况下做事,会拖延更多的时间,因为我们需要花时间重新审视自己的行为和方法。

在做任何一件事前,我们都必须做好计划,计划是为实现目标而需要采取的方法、策略,只有目标,没有计划,往往会顾此失彼,或多费精力和时间。我们只有树立明确的目标,制订出详尽的计划,才能投入实际的行动,才能收获成就感和满足感。

那么,具体来说,我们该怎么做呢?

1.制订完善的计划和标准

要想把事情做到最好,你心中必须有一个很高的标准,不能是一般的标准。在决定事情之前,要进行周密的调查论证,广泛征求意见,尽量把可能发生的情况考虑进去,以尽可能避免出现1%的漏洞,直至达到预期效果。

2.制订计划时不要超过你的实际能力范围，而且内容一定要详尽

比方说，如果你想学好英语，你可以制订一个详尽的学习计划，如在每周一、三、五的下午五点半开始，学习半个小时的英语口语，而在周二和周四的晚上8点，学习半个小时的语法，这样和其他功课的学习也不会产生时间上的冲突，坚持下去，你一定能实现你的学习目标。

3.做事要有条理、有秩序，不可急躁

急躁是很多人的通病，但任何一件事，从计划到实现的阶段总有一段所谓时机的存在，也就是需要一些时间让它自然成熟。假如过于急躁而不甘等待，经常会遭到破坏性的阻碍。因此，无论如何，我们都要有耐心，压抑那股焦急不安的情绪，才不愧是真正的智者。

4.立即行动，勤奋才能产生行动

我们都知道勤奋和效率的关系。在相同条件下，当一个人勤奋努力工作时，他所产生的效率肯定会大于他懒散工作状态。高效率的工作者都懂得这个道理，所以，他们能够实现别人几辈子才能够达到的目标。

总之，在我们做事的过程中，若想提高效率，就必须要让心更有方向。也就是说，在下定破釜沉舟的决心前，我们要有缜密的思维和计划。

明确的目标是努力的依据

成功的人都会以一个具体而明确的目标为基础，全力以赴，竭尽所能。如果没有明确的奋斗目标，当你遇到挫折时，就很容易气馁，让曾经的所有努力都荒废。

有了明确的目标，才能凝聚内心的力量开始行动，否则，漫无目标的努力不仅会浪费资源，还会使你迷失发展的方向，而你心中那座无价的金矿，也会因得不到开采而无法绽放光华。

对于现在的你而言，过去和现在的情况并不重要，你将来想获得什么成就才是最重要的。有明确的目标才会成功，如果你对未来没有规划、没有设计，就很难做出大事来。

明确的目标是努力的依据，也是对自己的鞭策，它决定着个人的行动方向，从长远来看，目标更是为自己创业设立了一个看得见的射击靶。纵观商海沉浮，这方面的故事不胜枚举。

明确的目标是对于所期望成就的事业的真正决心。如果你在白手起家时没有明确的目标，就只能在人生的旅途上徘徊不前，永远到不了理想的彼岸。仅用了五六年时间就奇迹般完成白手起家的李丐腾便用事实证明了明确目标的重要性。2003年，他一手创立的浙江飞科电器有限责任公司被中国五金制品协会评为"中国剃须刀十大知名品牌"，2004年被评为温州最具成长性企业。

创业之初，李丐腾苦于没有创业资金，但他觉得没有明确的目标更是寸步难行。在进行过周密的市场调查后，他发现国外产的一种双头旋转式剃须刀质量特别好，只是价格太高，要几百元甚至上千元一只，如果自己也能生产这种剃须刀就好了。由此，他明确了自己的创业目标——让我的产品成为中国剃须刀的代名词，让人们的脸面更光彩。在找准进入剃须刀行业的切入点后，李丐腾一边托人按照自己的想法刻了一副剃须刀模具，一边去租厂房。他将公司取名为"飞科"，寓腾飞科技之意。精细的模具需要许多高端机床设备为之服务，这花去了李丐腾大部分的积蓄。模具刻成后，还要采购零配件，李丐腾已是倾其所有。再困难的事情，也难不住一个有明确目标的人。一个个不眠之夜过去了，飞科公司终于生产出国内第一只双头电动剃须刀，并一次性通过了质量安全体系的检测。李丐腾拿着他的产品到义乌市场上去卖，尽管其价格比国内生产的其他剃须刀高出很多，但仍供不应求。在源源不断飞来的订单中，刚成立的飞科公司很快完成了资本的原始积累。

就这样，刚刚涉足剃须刀行业、白手起家的李丐腾，迅速成为中国剃须刀产品质量提升和发展的带头人。

明确的目标是李丐腾创业时的一盏明灯，照亮了属于他的生命；明确的目标是李丐腾创业之初的一张指路牌，指明了他前行的方向；明确的目标是李丐腾征程开始时的一方罗盘，引导了他人生的航向；明确的目标是李丐腾艰难跋涉时的一支火把，燃烧了他的全部潜能，牵引着他飞向梦想的天空！

成功的道路不可能会一帆风顺，一定是充满坎坷的，但只要你有明确的目标，你就会看到希望的曙光，即使前路漫漫，你也会执着追求，无怨无悔！

跟随目标，步步为营

明确自己的事业目标后，应依据目标分清事情的主次，逐一去做。此外，还应该拟订达到目标的详细策略，步步为营、稳打稳扎地跟随目标迈进。紧跟目标前进能提高你的工作效率，促使你不断加强专业训练、提升技能，不断激励自己，在最少时间内创造最佳的成绩。

步步为营的独立创业者，总能轻松跨越每一个目标，并始终孜孜不倦地向着某一个方向努力。林聪颖正是凭借着这股力量带领着"九牧王"走过15年的风风雨雨。

创业前，林聪颖做了周密的市场调查，依据自己对市场的判断，他认为服装业是一个朝阳产业。服装是生活必需品，人人都要消费，有钱可以买贵一点的，钱少可以买便宜一点的，但市场肯定是有的，根本不是问题。就这样，1984年29岁的林聪颖在瓷器生产已经红红火火的福建晋江磁灶镇开办了一家服装厂。

　　林聪颖和朋友一共凑了7万多元，租了一处500平方米的房子做厂房，动员亲戚朋友当员工，买了几台二手锁边机和裁床，请来老裁缝做培训。就这样，"九牧王"的前身诞生了。命运总是垂青坚韧不拔、步步为营的人。1989年，林聪颖终于迎来了笑逐颜开的那一天。他所生产的西裤在青岛、大连正式面市，让他始料不及的是，产品上柜后居然被消费者买光了。商场要求补货的电话一个接一个。到年终一结算，销售额竟有20多万元。

　　一次，聚会结束后，林聪颖发现朋友穿的西裤面料很特别，他马上买来一条同样的裤子研究，发现是种叫"重磅麻纱王"的面料，这是一家台湾的纺织企业刚开发出来的新产品，当时在市面上只有零星的销售。林聪颖心想：如果"九牧王"能够垄断这种面料，用它做成的西裤必然在市场上引起轰动，公司也能进一步发展，从整体上提升档次。他看准了就干，不久"九牧王"便拿下了"重磅麻纱王"在大陆的独家代理权。紧接着，他以此为契机引导"九牧王"对现有的生产工艺开始了新一轮的改造、革新。正如林聪颖所料，"重磅麻纱王"系列西裤一上市就引起了轰动，从1995年6月到1996年年底，麻纱王系列西裤累计销售400多万条，销售额超过1亿元，创下了单

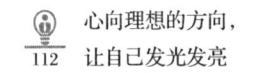

品种销售的奇迹。

如今,"九牧王"西裤已经拥有超过20%的市场份额,在西裤行业遥遥领先。林聪颖就是依靠着稳步前进、步步为营才没有错过一次次的发展机会。

跟随目标,步步为营,才能了解实现这一目标需要什么条件,以及如何创造这些条件。弄清这些因素后再奋斗,才有事半功倍的成效。

当然,创业不能等所有的资源条件都具备了才开始,而应该在实践目标的过程中努力去创造条件,缺什么,补什么,一步一个脚印地接近目标。下岗女工王琼便是如此开拓创业之路的。

王琼在1996年成为全国改革大潮中下岗职工中的一员。同年,杨凌农业高新科技成果博览会在西安召开。下岗在家的她一有时间就去那里看资料,寻找发展机会。通过几天的观察,王琼发现,很多农民对农用有机肥料和液体肥料格外关心,因为这类产品不仅价格可以让农民接受,还可以提高农产品的质量。王琼倾其所有——3000元存款,买下了一个新型液体肥料的知识产权。不久,一个新型液体肥料"果丽丹"诞生了。她跑到农村,向农民推荐她的产品。靠土地吃饭的农民,不敢轻易地使用一个不出名产品。往往是磨破了嘴皮子,农民才同意试用她的"果丽丹",让她来年再来查看试用后的情况。

在试用了一年以后,农民开始纷纷向王琼购买产品。她也由此与其他投资人共同组建了杨凌博迪森生物科技发展股份有限公司。

如今，杨凌博迪森生物科技发展股份有限公司被《福布斯》杂志评为"中国最具潜力的 100 家民营企业"之一。这一切成就的取得都离不开王琼对目标的不懈奋斗、步步为营。

只要有目标就要追寻，心中有目标的创业者，能做到众人受挫而退，我偏不退；众人齐进，我就快步抢先。紧紧跟随既定目标，步步为营才有行动，有行动才能产生成果，有成果才有推动力，才能使自己的创业之路越行越远。

为自己树立榜样，以成功者为目标

任何梦想都是一个长期目标，在这样的目标的指引下，我们能保证大方向的正确和不失偏颇。但是过于长期的目标无疑会使人们感到疲劳，毕竟长期目标并非一朝一夕就能实现的，就像漫长的旅途容易使人感到劳累一样，过久的拼搏奋斗却没有激励因素，同样会让人感到疲惫不堪。为此，很多人都把长期目标分解成若干个短期目标。当这些短期目标达到之后，人们就会感受到成功的喜悦，也会因此变得更加自信。

其实，除了分解目标之外，还可以采取为自己树立榜样的方式激励自己。尤其是当榜样为身边熟悉的朋友或同事,甚至是兄弟姐妹时,我们因为总是能够看到对方,切身感受到对方的成功,也就更容易受到鞭策和激励。而且,因为榜样是有血有肉鲜活的生命,所以榜样不但可以激励我们努力进取、寻求超越,还可以成为我们学习的对象。所谓青出于蓝而胜于蓝,当我们真正做到这一点,一定会感受到巨大的成功和喜悦。毋庸置疑,超越成功者,我们就一定能够获得更大的成功。换言之,我们也只有获得比成功者更大的成功,才有可能超越作为榜样的成功者。

现实生活中,有很多人都做着白日梦,幻想着自己有一天一定能够变得非常伟大。实际上,一味地做白日梦并不能帮助我们实现理想,真正切实有效的方法是从熟悉的人中找一个人作为自己的目标,等到超越他之后,再重新确立一个更优秀的人作为自己的目标。如此一个一个优秀者挑战下来,你会发现自己就像上台阶一样,已经不知不觉进步了很多,人生也发生了翻天覆地的变化。

已经升入高三的小雨最近才意识到要努力学习了,因为再不努力,真的考不上大学了。

如何才能迅速取得进步呢?成绩在班级里处于中下水平的小雨有些摸不着头脑,也貌似找不准方向。思来想去,她决定就从同桌入手。原来,每次考试,同桌的排名都比小雨靠前五六名的样子。小雨认为自己尽管求胜心切，但是心急吃不了热豆腐，也不能急于求成。

就这样，尽管小雨的目标是成为班级的尖子生，但是她却先把同桌看成了榜样和对手。经过一个月的刻苦努力，在月考中，小雨的名次果然超过了同桌，甚至还比同桌靠前一名呢！这个小小的成功让小雨非常高兴，也因而对自己更有信心了。接下来，她把坐在前排的娜娜定为目标。娜娜的成绩在班级的60个人中，排名30左右。如此一来，小雨相当于在下一次考试中还要提高五名。

确定目标之后，小雨继续努力，也因为提高五名并不需要过多的分数，所以她并不担心，不过她也没有放松，还是每天早晨都早起背诵英语单词，朗读英语课文，果不其然，英语的进步很大，小雨的总分居然上升了8个名次。接下来的时间里，她把目标定位班级排名20的小风。只需要再进步两个名次，小雨的目标是精益求精，也许只要少因为粗心错一题，目标就能实现。期中考试时，小雨非常认真细心，居然戒掉了粗心的毛病，如愿以偿地把名次提高了两名。如此循环往复，在高考中，小雨顺利考入班级前五名，进入了梦寐以求的大学，也得到了老师、同学及父母的刮目相看。

毋庸置疑，假如小雨在成绩不理想的情况下，想要一步登天地考入班级前五名，这几乎是不可能实现的，反而还会因此给予她巨大的压力，最终导致事与愿违。如此循序渐进，把身边比自己更优秀的同学作为目标去实现、去超越，效果自然事半功倍。此外，小雨还能从一次次的暂时成功中获得信心，从而使自己的提升计划进入良性循环，也给予了她更大的力量。

其实，这种超越成功者的方法不仅适用于学习，也适用于人生中的方方面面。例如在职场上，我们不可能从一个普通职员一跃成为高层管理者，所谓饭要一口一口地吃，路要一步一步地走。当我们处于公司基层时，千万不要这山望着那山高，更不要眼高手低，唯有脚踏实地地勤奋工作，让自己一个台阶一个台阶地往上攀登，才能最终实现人生目标，也才能完成自己的梦想。

尤其是现代职场竞争异常激烈，每个人都要靠自己的实力才能得到长足的发展。假如我们一味地沉浸在对美好未来的幻想中，甚至把目标定得过高且不切实际，我们的自信心就会备受打击，导致事与愿违。那些成功人士都有自身的独特之处，我们可以学习他们的成功经验，却不能盲目照搬他们的成功模式，东施效颦只会让人贻笑大方，如果走错了人生道路，一定会追悔莫及。所以我们最需要做的就是向成功者学习，为自己的人生提供无限的可能性。

实现梦想别无他法，只有脚踏实地

要知道，没有伟大的意志力，就不可能有雄才大略。可能目前这份工作让你感到很沮丧，你觉得前途渺茫，但你真的做到了勤恳工作吗？假如没有，那么，何不尝试一下呢？努力工作，你会发现，成长始终伴你左右！同样，你也应该深知，要想实现梦想别无他法，只有脚踏实地。

其实，生活中，那些成功者往往是那些做"傻"事的笨人，输得最惨的则是那些聪明人，那些笨人深知自己不够聪明，所以他们努力学习、埋头苦干，最终他们如愿以偿了。而聪明人做事时则不肯下力气，总想着要小聪明、投机取巧，他们往往输得很惨。所以智慧和实干比起来，实干更加不可或缺。

关于未来，可能很多人都有幻想，他们豪气万丈，为自己编制着美好的未来，或希望自己成为某个行业的精英，或拥有自己的事业等。树立理想是好事，它可以匡正你的言行，让你的努力有一个明晰的主线，但无论如何，你都千万要记住，只有脚踏实地才是实现梦想的唯一途径，对理想的憧憬，也千万别过了头。

如果你每天把大把的时间都花在了展望自己的未来中，而不制订实现梦想的计划，那么，你的梦想也最终只会遥遥无期。

心理学家认为，当人们尝试着估计自己能从未来的经历中获

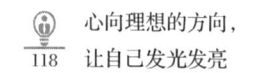

得多大的乐趣时,他们已经错了。人生只有经历过,才能品味出真实的味道,也只有脚踏实地地工作生活,才会活出自己。

因此,一个人若想不断进取,就不能腹中空空如草莽,要努力充实自己,储备各种能力、各种知识或各种能为自身发展所用的东西,待时机成熟,再跨上另一个高度。

心有方向,理想才有实现的可能

韩国首尔大学有这样一句校训:"只要开始,永远不晚。人生最关键的不是你目前所处的位置,而是迈出下一步的方向。"这句话的含义是,任何理想不经过实践和行动的证明,都将是空想。只要你心有方向,立即行动,任何理想都有实现的可能;相反,没有方向的路,走得再多也是徒劳。

生活中的你,如果留心一下周围那些生活得幸福和愉快的年轻人就会发现,他们现如今的快乐是来源于曾经的努力。当然,这并不是说他们有很多钱,也不是因为他们有更好的房子、工作,只不过是他们能够真正地为实现梦想而努力,知道自己接下来该做什么,怀着最真诚的心去追求自己想要的东西。我们先来看下面一则寓言故事:

曾经,有四个探险队员来到非洲的森林里探险,他们拖着一只沉重的箱子，在森林里踉跄地前进着。眼看他们即将完成任务，就在这时，队长突然病倒了，无力走出森林。在队员们离开他之前，队长把箱子交给了他们，请他们出森林后把箱子交给一位朋友，并告诉他们，他们会得到比黄金重要的东西。

三名队员答应了这个请求，扛着箱子上路了，前面的路很泥泞，很难走。他们有很多次想放弃，但为了得到比黄金更重要的东西，他们拼命走着。终于有一天，他们走出了无边的森林，把这只沉重的箱子交给了队长的朋友，而那位朋友却表示对此一无所知。他们打开箱子一看，结果，里面全是木头，根本没有比黄金贵重的东西。

难道他们真的什么都没有得到吗？不，他们得到了比金子贵重的东西——生命。如果没有队长的"谎言"，他们就不会有目标，他们就不会去为之奋斗。从这里，我们可以看到目标在我们追求理想的过程中的指引作用。

追求梦想的过程从来不是一帆风顺的，无数成功者为了自己的理想和事业，竭尽全力，奋斗不息。孔子周游列国，四处碰壁，才编写出《春秋》；左氏失明后方写下《左传》；孙膑断足后，终修《孙膑兵法》；司马迁蒙冤入狱，坚持完成了《史记》……伟人们在失败和困顿中，永不屈服，立志奋斗，终于达到成功的彼岸。很多人将自己的失败归结于客观方面，比如，时运不济，天资不够等。持这种观点的人，只看到问题，却看不到解决问题的方法；只看到困难，却看不到自己的力量；只知道哀叹，却不去尝试解决问题。这样的人永远也不可能成功。

为此，为成功奋斗的年轻人们，从现在起，你只须树立一个正确的理念，然后调动你所有的潜能并加以运用，你便能脱离平庸的人群，步入精英的行列！你可以记住以下几点：

1.关注未来，不要满足于现状

独具慧眼的人，往往具备人们所说的野心，他们不会为眼前的蝇头小利而放弃追求梦想的愿望，往往是用极有远见的目光关注未来。

2.为自己拟定各种阶段性的目标与规划

长期目标（5年、10年或15年）：这个目标会为你指引前进的方向，因此，这个目标能否规划好，将决定你很长一段时间内是否在做有用功。当然，长期目标还要求我们不可拘泥于小节。东西离你越远，就显得越不重要。

中期目标（1—5年）：也许你希望自己能拥有房子、车子、升职等，这些就属于中期目标。

短期目标（1—12个月）：这些目标就好比是一场淘汰制的比赛中的各场预赛，它能鼓舞你不断努力、不断前进。这些目标提示你，成功和回报就在前方，鼓足干劲，努力争取。

即期目标（1—30天）：一般来说，这是最好的目标。它们是你每天、每周都要确定的目标。每天，当你睁开眼醒来时，你就需要告诉自己：今天，相对于昨天的自己，我要达到什么样的突破。当你有所进步时，这些突破能不断地给你带来幸福感和成就感。

3.不要把梦停留在"想"上

梦想可以燃起一个人的所有激情和全部潜能，载他抵达辉煌的彼岸。但有了梦想后，不要把"梦"停留在"想"上，一定要制定目标，付诸行动，这样才可以带给你真正需要的方向感。

学会计划，才能从容不迫地应对外界干扰

当你想要制订一份计划表的时候，总会有其他的声音告诉你说：计划总是赶不上变化，因此，我们要做计划表干嘛呢？反正，每次的行动也不会真的按照计划表来实施。然而，事实虽然如此，但不知你有没有发现：有无计划表，我们的人生还是会有些不一样的。没有计划的时候，面对突然而至的变化与意外，我们有可能会因为大脑瞬间一片空白而呆住，也有可能会因为抵挡不住生活中的诱惑而暂停事件的实施。而当有那一个计划表存在的时候，虽然极有可能，面对诸多的突发意外，我们会发现原先的计划表不再适用，我们需要更正原先的计划表，但是我们却不会立刻暂停掉手中的事件。变化改变的只会

是过程的操作，却不会轻易改变结果的导向。因此，我想要告诉你：我们的时间应该被计划，我们每天都应该给自己一个"黄金时间段"。我们无须精确并且强制自己执行到生活中的每一分、每一秒、每一件事情的具体分钟数，但是，我们应该做到有所计划。当意外突至的时候，我们可以改变或延期，但是绝不会三分钟热度一样地结束。

你要知道：一个人成功与否，最大的差别就在于对时间的利用。当你在看剧的时候，别人正在看专业书；当你在享受的时候，别人正在加倍努力；当你在为了荒废时间而后悔的时候，别人正在更正自己的计划表并因此而获得满满的成就感。这样的情况下，当别人获得成功的时候，你连提问"凭什么"的资格都没有。这世上最公平的事情就是每个人生来一天都拥有同样的24个小时，有人利用这24个小时获得了这样那样的成就，而有人拥有同样的24个小时，却只得到了荒废与蹉跎。而这其中，你有无人生计划表，至关重要。

当你意识到时间必须被充分利用的时候，你就会明白制订一份计划表的重要性。很多时候，当我们初次为自己制订一份计划表的时候，总是会遇到这样那样的突发干扰，而导致自己并不能真正完全地按照这样的一份计划表去实施。这时，我们需要学会调整，学会从已有计划表的真正实践过程中寻找真正适合自己的规律，并以此来调整原先的计划表，而不是简单粗暴地就此选择放弃。好比你为自己制订了第一份时间计划：每晚抽出两个小时的时间来阅读、思考或与家人朋友进行一些有意义的讨论。一开始的时候，可能因为诸多综合因素的影响，你会没有明确的目标与确切的时间点。比如，每晚的这两个小时到底是7—9点还是8—10点，你无法得到一个精准的时间段。但当你将"每晚两个小时的思考讨论"这一项事件列入每日计划之后，或许你也会加班到晚上9点，或许有时你可以提前结束一天的工作，但是等你每日如此，坚持一周甚至更长的时间之后，你有可能就会发现你找到了自己的时间规律：每天傍晚7点半到9点，可能是你最佳的工作时间。有可能你还是没有发现规律，但是你会发现通过每晚2个小时的思考，自己总是有所收获。而如果你没有尝试，就永远不会有任何收获。

当一份计划突然实施的时候，我知道最难的就是坚持下去。但是，你要明白：这是我们每一个人都必须要经历的一个阶段。而只有自己去尝试、与自己磨合，才能尽可能地让这份时间计划表变得合理，最终成为真正属于你自己的人生计划表。随后，你就会发现：你的人生似乎正在发生着一些改变。而在你坚持数年甚至更久以后，你就会发现，成功正在向你招手。你可以感受到自己体内发生的巨大变化：你不再每天抱着手机、电脑"奋斗"到凌晨不肯休息，而是拥有了能够很好地控制好自己行为的能力与技巧，并且拥有了更加自信的人生态

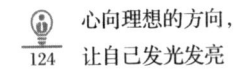

度以及积极生活的心态。

当你具备了一个良好心态的时候,你总是更容易就能够保持不急不躁,面对棘手的问题也可以更有思路和方案,在关键问题的处理上也能够更加的果断与精准。而心态很差的人经常都会因为一些细节的变化而影响自己的心情,从而影响自己对全局的掌握和判断。这样的人,通常一点小的干扰就能够毁掉他们所谓"伟大"的计划,让他的努力功亏一篑。而长此以往,心态差距而导致的人与人之间的差距所造成的命运不同就会完全显现。所以,学会为自己制订一份合理的应对外界干扰的时间计划书,在这时间段内充分利用属于我们自己的"增值时间",让自己学会从容不迫,处变不惊,我们的人生必定会是另一番完美模样。

切割你的梦想,一步步走向成功

有人曾这样说,一个人无论他现在多大的年龄,其真正的人生之旅,是从拥有梦想那一天开始的,之前的日子,只不过是在绕圈子而已。在生活中,一旦我们确立了清晰的梦想,也就产生了前进的动力,所以,梦想不仅仅是奋斗的方向,更是一种对自己的鞭策。有了梦想,我们就有了生活的热情,有了积极性，有了使命感和成就感。有清晰梦想的人，他们的心里感到特别踏实，生活也很充实，注意力也随之神奇地集中起来，不再被许多烦恼的事情所干扰，他们懂得自己活着是为了什么，所以，他们的所有努力都是围绕着一个比较长远而实际的梦想进行，一步步走向成功。

国际知名的投资人、软银集团总裁孙正义，在19岁的时候就为自己做了30年的职业规划：20岁的时候，确定自己所要投身的事业，打出自己的旗号；30岁的时候，储备1亿美元的种子资金，能够为自己要做的大事提供支持；40岁的时候，要选一个非常重要的行业，然后把精力放在这个行业上决一胜负；50岁的时候，完成自己的事业，公司营业额超过100亿美元。孙正义逐步实现了他的计划，从一个小商人的儿子，成为今天闻名世界的大富豪。

孙正义的规划够强大，更为强大的是他为自己的每一步行动所做的思考，他曾经花了将近一年的时间来思考最适合自己的创业模式。经过一系列的考查筛选，孙正义确立了自己选择事业的标准，其中最重要的是：第一，该工作是否能使自己持续不厌倦地全身心投入，50年不变；第二，这个领域是不是有很大的发展前途；第三，10年内是不是能够成为日本的第一，并且别人不可以模仿。他就是依照这些标准给几十个项目打分排除，最终选择了计算机软件批发业务。2014年，随着孙正义投资的阿里巴巴在美国上市，他的财富净值增涨至166亿美元，成为日本首富。

俗话说："谋事在人，成事在天。"事实上，有些时候，谋事在人，成事也在人。任何人不经努力就想获得成功是不可能的。几乎所有的成功都始于方略。学习讲究方略，工作讲究方略，经商也讲究方略。

方略是实现任务或目标的步骤和手段，是根据形势发展而制订的行动方针。可以说，即使有侥幸的成功，如果没有方略的指导，也是暂时的，或仅仅是某一件事情、某一个步骤的成功。这种成功不会有进一步的发展，也不会取得更大的成就。只有在方略的指导下，按计划、按步骤取得的成功，才是真正的成功，才有可能走向光辉的未来。

只要有可能，我们还是应该对自己所走的路进行详细的规划，分清阶段，划分步骤，认真计划每一步应该怎样走，每一步用多少时间，每一步达到什么目标，尽量清晰明白。成功的人生需要正确的规划，你今天站在哪里并不重要，但是你下一步迈向哪里却很重要。

对于每一个渴望做出一番事业的人，梦想等于灯塔，具体的规划等于航线，而他的执行能力，则是人生之舟的发动机。具体地说就是在行动之前要有目标，但仅仅有个目标还不够，在把理想铺筑成现实的道路上，还应该做好规划，规划不仅仅是一种前景目标、一张蓝图而已，它更是你行动的路线图。目标是可以看得见的靶子，每个人都能看到，大家都在朝它开枪，但并不是谁都能打得快和准。

西方有位商业大亨说过："不管我出多少钱的薪水，都不可能找到一个具有两种能力的人，这两种能力是，第一，能思想；第二，能按事情的重要次序来做事。"要成为这种难得的人才，能做事，会做事，我们可以从以下几点开始。

1.分解长期计划

许多人说自己很无奈，要做的事情太多，每次面对这么多事都无从下手，其实造成这个现象的最大原因是缺乏短期的、即时性的计划。例如，制订日计划和周计划，将计划与事情相结合，每天哪个时间段做什么事，在多长的时间内应该做完这件事，多久的时间来进行检查，到什么样的程度即可。

2.给工作分类

工作大致可以分为两类：一种是不需要思考，直接按照熟悉的流程做下去；另一种是必须集中精力，一气呵成。对于这两类工作，所采用的方式也是不同的。对于前者，你可以按照计划在任何情况下有序地进行；而对于后者，必须谨慎地安排时间，在集中而不被干扰的情况下进行。

3.坚持计划不动摇

坚持计划，就是保持过去适合自己的做事时间不动摇，一

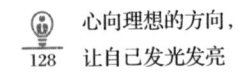

次事情的不成功并不能否定你之前制订的有效计划,只有每天按照自己制订的计划坚持下去,才会达成自己的目的。

当然,当你制订好一份计划之后,还需要及时调整。当计划执行到某一个阶段的时候,需要检查自己的工作效果,并对原计划中不合适的地方进行调整。而且,计划制订之后需要坚决执行,否则前面所做的就是无用功。对于那些喜欢拖拉的人而言,坚定执行计划是极具挑战性的。一定要记住:抓住今天,今天的事情必须今天完成,不要总是安慰自己明天一定会完成。

第六章

火眼金睛，善于识别与把握时机是成功的关键

机会永远青睐于有准备、有把握的人

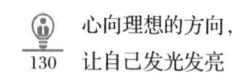

说到机会，会做生意的人，除了精通取势用势外，还要特别善于发现机会，要能够很好地把握和利用机会，要学会把机会变成实实在在的财富。的确，那些所谓的成功者之所以获得成功，并不是因为机会青睐于他们，而是他们善于去发现机会，进而抓住机会。而且，机会只有对于那些善于发现机会并且能很好地利用机会的人，才能成为机会。培根说："善于识别与把握时机是极为重要的。"在现实生活中，机会永远青睐于有准备、有把握的人。只要善于发现机会，其实，机会就在我们身边。

年轻时的李嘉诚曾在茶楼当伙计，后来辞职后加盟了一家五金厂，主要负责业务推销。由于业绩屡屡提高，赢得老板的青睐。但是，当老板提出为他升职加薪时，他却谢绝了，并提出辞职。

在这之前，李嘉诚已经通过对市场的接触，了解到塑料业开始兴起，而五金业开始走下坡路。而且市场兴起的塑料制品容易成型、重量轻、颜色多样、美观使用，将会代替很多木制品和金属，打算去一家塑料公司发展。而李嘉诚在走之前，向老板提出建议转行或调整产品的种类，以适应新的市场。结果，这位老板真的接受了李嘉诚的建议，及时转为生产系列锁，最终幸免于强大的市场冲击。

1950年，李嘉诚创办长江塑胶厂，主要生产玩具和家庭用品。果然如他预想的那样，创业初期就告捷。1957年，李嘉诚注意到第二次世界大战经济复苏，而香港转口贸易进入一个黄金时代，随着人们生活水平的提高，消费水准也大大增高，而塑胶花开始逐步进入市场。于是，在这一年，李嘉诚的长江塑胶厂不再生产玩具和家庭用品，改为生产供家庭装饰用的塑胶花。一时之间，在中国香港兴起了一片塑胶花热。

在现实生活中，许多人抱着"天上掉馅饼"的态度，坐等机会的到来，没想到，那些机会眼看就从手中偷偷溜走了。机会是需要发现的，而不是坐享其成，在我们身边，可能潜藏着无数的机会，你是否能成功，就在于你是否能发现，是否具有一双慧眼。一个人如果不善于发现隐藏在身边的机会，那么，上帝给你再多的机会，也是枉然。

发现了机会，而不选择把握机会，那么，最终的结果肯定是惨败。或许，一个人的成功是多方面的，但是，是否能发现机会，抓住机会，将机会为己所用，这对我们能否成功有着必然的联系。

胡雪岩说："做生意要有机会，更要靠过硬的本事。"他

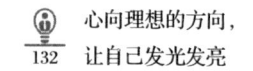

善于将发现的机会，经营成一个实实在在的财源。

王有龄捐官回来后，得到了海运局坐办的官缺，就在上任时却遇到了漕米的麻烦，于是，他请胡雪岩帮助自己渡过难关。于此，胡雪岩有了一个奔走于杭州与上海的机会，当时，他所雇用的是阿珠家的船，而阿珠的娘恰好懂一些蚕丝生意，胡雪岩得到了一个请教的机会。他了解到，丝绸纺织需要大量的原料，洋人则需要从中国进口大量的蚕丝，这样看来，做外贸或销给洋商，都能赚大钱。胡雪岩的心中，有了做蚕丝生意的念头。

在帮助王有龄漕米的事情中，胡雪岩有幸结识了古应春和尤五。不久之后，胡雪岩又发现了一个机会，原来王有龄调任湖州知府，而湖州正是蚕丝的主要产地。于是，胡雪岩这个丝绸行业的门外汉开始做起了蚕丝生意，将朋友古应春、尤五也拉了进来，合作大干一场。

其实，说到做蚕丝生意，信和钱庄的张胖子，以及丝行的老板庞二无疑算是沾点边。因为，张胖子经常往返于杭州与上海，似乎比胡雪岩更熟悉蚕丝生意，而有信和钱庄如此雄厚的资本，做生意自然是不用发愁的；再说说庞二，他可是蚕丝生意中的高手，却没能想到控制市场、操纵价格。而他们没有做的，都被胡雪岩做了，原因就是他们没能发现机会，所以，也错过了成功的机会。

张胖子和庞二没能发现的机会，被胡雪岩发现了，不仅发现了，而且还将其利用起来。他利用阿珠家在湖州且熟悉蚕丝生意的关系，出资让阿珠的父亲在湖州开丝行；利用王有龄调任湖州知府的关系，着手生丝收购，又联系了洋商，结交了丝业巨头庞二，做起了蚕丝销洋庄的生意。这样一来，机会被自己所用，想不成功都不行了。

1.抓住有价值的信息

在国外流行这样一个观点：掌握住信息，就掌握了生意的命运；失去了信息，就失去了生存的基础。可以说，一个有价值的信息，一个正确的情报，会促使一笔大生意的成功。

2.了解市场需求

不管做什么事情，都必须了解市场需求，只有知己知彼，才能牢牢把控机会。所以，平日里要多调查事实、分析信息，只有不断充实自己，才能追上瞬息万变的社会发展步伐。

在现实生活中，并不存在什么幸运之神，机会也从来不主动敲响我们的门，机会从来都是属于那些有准备、敢于拼搏的人，他们发挥自己的能力来把握机会，并很好地利用机会。机会，本是无时无刻不存在，重要的是你是否具备一双火眼金睛。

创造机遇，机会不会白白等着你

俗话说："不入虎穴，焉得虎子。"如果不钻进老虎的洞穴，怎么会捉到小老虎呢；如果捉不到小老虎，又怎会有成功的机会呢。很多时候，机会并不是等待而来的，而是我们自己创造的。当然，创造机遇是需要承担风险的，机会不会白白等着你。

商场就如战场，只要看准了时局的变化，就一定能找到商机，而一旦找到商机，就需要冒险的精神，否则，一切都是白忙活。有的人即使发现了机遇，但如果缺乏一种冒险精神，迟迟不出手，那么，转眼间，机遇就到了别人的手里。当然，冒险并不是有勇无谋，而是有勇有谋，在知道这件事不一定会成功的前提条件下，还是鼓起勇气去做，但是，在真正付诸实际行动之前，会做好充分的准备，以此避免危险。如此冒险，才能为自己创造计划。相反，若是在走投无路的时候慌忙采取冒险行为，那肯定会失败。

其实，早在胡雪岩在钱庄当小伙计的时候，他就开始寻找机会，当然，与此同时的是他的冒险精神。当时，胡雪岩只是一个小伙计，无钱无权，不过，他却冒险将钱庄的500两银票交给王有龄。按常理说，他似乎没有权力去这样做，毕竟钱并不是自己的，即便是看中对方将来定有所发展，可是，无亲无故，何以将这么大笔钱押在一个陌生人身上呢？在这件事情上，胡雪岩就是在冒险，用他的话来说就是赌。最后，恰恰是他的冒险为自己带来了巨大的受益，王有龄捐官成功，成为他日后的靠山。

太平天国大乱，王有龄在杭州被太平军攻破之后，为了避免受辱，保得一世清白，他自杀殉职。在临死之前，他托付自己的兄弟胡雪岩为自己洗刷耻辱。知道好朋友自杀后，他内心悲痛，胡雪岩明白其中深意，收复杭州是王有龄的遗愿，而有能力收复杭州的只有左宗棠的军队。在这之前，胡雪岩听说，左宗棠脾气火暴，嫉恶如仇，一向自命清高，而且，胡雪岩知道，左宗棠似乎很厌恶自己，这时候，他不来找自己的麻烦就是好事了，怎么还会自惹麻烦呢？

可是，为了王有龄的遗愿，他愿意去冒险。不过，冒险肯定不是去送死，而是要创造成功的机会。于是，他先了解了左宗棠的性格脾气、爱好、为人等各方面的信息，并为此做了详细的计划。其实，当时的左宗棠确有置胡雪岩于死地的意思，不过，在见面时，胡雪岩的一句话救了自己的命，他对左宗棠说："我一生只会做事，从来不会做官。"原来，这话本是左宗棠的名句，听到这样的话，左宗棠不想胡雪岩跟自己的观点一致，高兴之余，他已经忘记之前的想法了。

就这样，胡雪岩不仅完成了王有龄的遗愿，而且在冒险中创

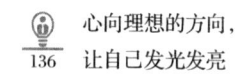

造了一个机会，那就是使左宗棠这位中兴名臣成为自己的靠山。

后来，在左宗棠的帮助下，胡雪岩穿上了黄马褂，建立起庞大的白银帝国。

似乎，胡雪岩的每一次冒险都为自己求得了绝好的机遇。当然，他的每一次冒险都是经过深思熟虑的，在做事之前就进行了周密的策划，即使不能成功，也能全身而退。不过，似乎好运总是站在胡雪岩这一边，他的敢于冒险为自己日后的事业发展提供了良好的契机。抓住了机会，胡雪岩一跃成为晚清时期最著名的红顶商人。

有人说："美国有很多讨论富人的书，都得出结论证明富人并不比普通人聪明，学识也不一定比一般人多。要说富人智商有多高，那纯粹瞎掰。这些富人之所以能成功，而很多智商、学识远远高过他们的人却成功不了，是因为富人们具有的冒险精神或是敢想敢做的精神确实比别人强。"或许，富人并不是成功的代名词，但是，他们无疑是成功的代表之一，而冒险精神正是他们成功的助推器。

王传福说："最关键的是要有冒险精神。"当比亚迪科技有限公司刚刚成立的时候，日本充电电池一统天下，国内的许多厂家都是买来电芯自己组装，这样，利润少，几乎不存在竞争。经过一番思考，王传福将目光投向含量最高、利润最丰富的电芯。如此冒险的想法，在国内还无先例。后来，比亚迪公司的镍镉电池销售量达到15亿块，排名上升到世界第四位。之后，王传福投入大量资金开始了锂电池的研发，很快便拥有自己的核心技术，并成为摩托罗拉的第一个中国锂电池供应商。

如果说这是王传福的第一次冒险，那么，决定制造汽车将是其第二次冒险。2003年，比亚迪宣布以2.7亿元的价格收购西安秦川汽车有限责任公司77%的股份，由此成为继吉利之后国内第二家民营轿车生产企业。2004年，深圳市有200辆比亚迪制造的锂离子纯电动汽车投入出租运营，成为全国第一家电动车示范区，真正实现了尾气零排放。

因敢于冒险，适时抓住了绝好的机遇。在短短7年的时间里，王传福将镍镉电池产销量做到了全球第一、镍氢电池排名第二、锂电池排名第三，年仅37岁便成为享誉全球的"电池大王"，坐拥338亿美元的财富。

其实，冒险与机遇总是结伴而行的，要想抓住机遇，就应该有冒险精神。在生活中，经常有这样的人，还没开始做一件事情的时候，他们就会想：如果失败了怎么办？于是乎，为了不失败就选择了放弃。可是，等到别人成功之后，他会无奈地说："早知道，我也去做了。"机遇已经流失了才想到后悔，为时已晚。所以，在生活中，面对任何事情，我们都要有冒险精神，如此，才能抓住稍纵即逝的机遇。

心向理想的方向，让自己发光发亮

抓住机会，创造机会

什么是机遇？其实机遇是一种有利的环境因素，让有限的资源发挥无穷的作用，借此更有效地创造利益。所谓"谋事在人，成事在天"，说的是事业成功取决于两方面的因素：一是主观努力；二是客观机遇。很多人在生活中因为抓不住机遇而徒留遗憾，最终后悔莫及。是的，机遇就像我们指缝间的时间，稍纵即逝，所以说，当机遇走到我们身边的时候我们一定要在一定的时限内好好地把握住它。

《飘》这部文学名著在文学史上产生了很大的影响，根据《飘》改编的电影也是很受人追捧，其中因扮演女主角郝思嘉而大放光彩的费雯丽也受到了很多人的喜爱。但是我们或许不知道，在接下这个角色之前，她其实只是一个不受瞩目的小角色。她之所以能够因此而一举成名，就是因为她大胆地抓住了自我表现的良好机遇。当《飘》开拍时，女主角的人选还没有最后确定。毕业于英国皇家戏剧学院的费雯丽当即决定争取出演郝思嘉这一角色。"怎样才能让导演知道我就是郝思嘉的最佳人选呢？"这个问题困扰着她。

费雯丽想了很多方法，最终她作出了一个决定，她要向制片人举荐自己，证明她是最合适的人选。一天晚上，刚拍完《飘》的外景，制片人大卫又愁眉不展了。可是正在自己郁闷的时候，他看到楼梯上走下来两个人，那位男士他认识，可是那个女士怎么这么陌生呢？只见她一手扶着男主角的扮演者，一手按住帽子，居然把自己扮演成了郝思嘉的形象，那双明亮的眼睛，那纤细的腰肢，都让人们惊艳。当时大卫感到非常的好奇，她的举止有一种似曾相识的感觉，正在这时，男主角兴奋地向他喊了一声："喂！请看郝思嘉！"大卫一下子惊住了："天呀！真是踏破铁鞋无觅处，得来全不费工夫。这不就是活脱脱的郝思嘉吗？！"于是，费雯丽被选中了。

这就是懂得为自己创造机遇的典型案例，费雯丽用自己的智慧去制造机会，因而接下女主这一角色，从而一举成名。朋友们，机遇是非常重要的，我们要懂得为自己去制造良好的条件，这样才能更好地达成我们的目标，实现我们的愿望。

很久以前，住在伯利恒的大卫还是一个小孩子，他有8个强壮的哥哥。

虽然他只是一个孩子，但他长得英俊而强健。当哥哥们去山上放羊的时候，他也跟着一起跑。大卫就这样一天天长大，后来，他开始照看一部分羊群。

有一回，当大卫躺在山坡上看羊的时候，突然，一头狮子从森林中冲出来，并叼走了一只羊。大卫想都没想，就去追赶狮子，他纵身一跃，跳到了狮子的身上，抓住了狮子的鬃毛，他赤手空拳就打死了那头狮子。

随后不久,战争爆发了,扫罗王召集军队去迎战,大卫有3个哥哥随扫罗王出征了,由于大卫年纪小,只能留在家里。一个半月后,大卫借着送食物的名义来到军营。当他到达那里时,只见喊声震天,军队正严阵以待,而对面的山坡上,站着一个大巨人。他正大踏步来回地走动着,炫耀着自己的强壮与勇猛。

以色列没有一个人敢前去迎战的,大卫想上前去挑战一下:"我要去迎战那个巨人。以色列神将与我同在,我不会害怕的……"大卫的哥哥想封住他的嘴,但来不及了。一旁早有人跑去报告给了扫罗王。

扫罗王下令召见大卫,当大卫被带到扫罗王跟前时,扫罗王看到他是个孩子,便想劝阻。但是,大卫向扫罗王讲述了他如何赤手空拳打死狮子的事迹,并信誓旦旦地说:"既然上帝能让我战胜它,那个巨人也没什么可怕的!"

扫罗王允许了:"去吧,孩子,上帝与你同在!"

扫罗王要把自己最好的武器赐给大卫,但被拒绝了。大卫拿出自己的家伙,拎起牧羊童的袋子,背着投石器,就离开了以色列军营。接着,他又在小溪边挑选了5块圆滑的石子。然后就去迎战巨人了,巨人见到对方只是个孩子,便压根儿不把他放在眼里。面对对方那庞大的身躯,大卫一点儿也不害怕。他勇敢地喊道:"开始吧,拿好你的矛和你的盾。今天,上帝既然把你交到我的手中，我就一定会将你打败的！"

巨人冲向大卫，大卫一扭身子，躲过了巨人的庞躯。接着，他把手伸进袋子，掏出一块圆滑的石子，然后将其装上投石器，同时，紧紧地盯着巨人前额上头盔的连接处，拉起投石器，用强健的右臂将石子掷出去。只听"嗖"的一声，石子重重地击中了巨人的前额，巨人轰然倒地。一瞬间大卫飞奔过去，拔出剑，把巨人的头割了下来。

巨人死了之后，以色列军队士气大增，纷纷冲下山坡，杀向四处逃散的非利士人。

战争结束后，扫罗王把大卫召来，并对他说："你不用回去了，你将成为我的儿子。"

大卫就留在了扫罗王的营帐，很多年后，他取代扫罗王，成为新一任国王。

机不可失，时不再来，我们每一个人都明白这个道理，可是做到的又有几个呢？抓住了机会，我们就可能乘风而起，登上成功的巅峰；如果错失了机会，我们就可能会与唾手可得的成功擦肩而过，因而懊悔不已。你不理机遇，机遇也不会理你，那么你离自己的梦想就会越来越遥远。当机遇来临时，我们一定要紧紧地抓住，当没有机遇的时候，我们也不要苦苦等待，无所事事，我们要结合时局为自己创造机遇，这样我们才能成为一个有所收获、有所成就的人。

机会不是等来的，而是自己找出来的

人们经常抱怨没有机会展示自己，实际上，对于真正的智者来说，机会不是等来的，而是自己找出来的。在我们的生活和工作中，机会其实无处不在。就像千里马一样，它也正静静地等着能够意识到它价值的人，发现它，抓住它，与它一起创造辉煌。古人云，世上千里马常有，而伯乐不常有。

同样的道理，世上机会很多，但是能够发现机会的人很少。很多在山里生活过的人有挖竹笋的经验。每当竹笋成长的时节，只有经验丰富的山民才能抓住竹笋最肥美鲜嫩的时刻，把竹笋挖出来。一旦过时，竹笋就会变老。机会也和竹笋一样，需要有火眼金睛的人去发现它。一旦过时，它就会悄悄溜走，一去不复返。这就像人们经常抱怨世界上缺少美，有位名人一语道破天机，世界上不是缺少美，而是缺少发现美的眼睛。在抱怨机会太少的时候，我们应该先学着如何发现机会，找到机会。如果机会已经像竹笋一样成长为摇曳的竹子，人人都能看得到，那么也就不能再称为机会了。机会，贵在稀缺，贵在抢占先机。这就像做生意一样，如果你先做了，那么你能捞得第一桶金。如果满大街都在做相同的生意，你还去做，那么你就是自己往火坑里跳了。

也许有人会问，机会了无痕迹，又不是具体的某一件东西。怎么找呢？看不见，摸不着的，很可能在眼皮子底下也无法发现。其实，寻找机会的关键就在于我们自身。你的触觉是不是足够敏锐，在大家都无知无觉的情况下，能够嗅到一丝丝气味；你的思路是不是清晰，在某件事情还未真正火起来的时候，就预见到了它的未来；你是不是足够有魄力，原以为只有百分之一的可能，却付出百分之百的努力……这些，都是发现和寻找机会的潜质。如果不具备这些潜质，没有创新和开拓的魄力，你很难发现并找到机会。

和成功的人多学习，多交流，开拓自己的思维和思路，也是发现机会的一个好办法。至于其他的办法，想知道的朋友们可以在生活和工作中慢慢摸索。总之，要记住一条，处处留心皆学问，处处留心皆机会。只要你想找，机会总还是能找到的。

找到最适合自己的道路

每个人，在不同的人生阶段，都会有不同的人生境遇。随着时间的流逝，我们遇到的人和经历的事情，都会发生改变。在这种情况下，我们曾经设想好的一切，也会随之发生改变。因此，我们必须顺应形势，与时俱进，才能及时调整自己的思路和态度，从而为自己找到最佳出路。

心向理想的方向，让自己发光发亮

很多人能够获得成功，并非因为他们得到了命运的眷顾，而是因为他们在人生之中不断尝试，因而最终找到了最佳出路。尤其是那些在某个独特领域做出特殊贡献，创造伟大成就的人，他们更是在尝试了很多次之后，才找到了人生的方向和出路。因此，对于那些抱怨生不逢时、时运不济的朋友，我们必须问问他们：面对人生的窘境，你们是否从未放弃，不断尝试呢？

很多时候，人是习惯于墨守成规的。尤其是当一切已经习惯成自然，我们更是会被固有的思维禁锢住，不知道如何才能打开自己的思路，让自己的人生豁然开朗。实际上，很多时候禁锢和限制我们的并非客观世界，而是我们的内心。我们无法挣脱内心的囚牢，就会彻底被人生禁锢住，再也无法展翅翱翔。因而朋友们，最重要的是要打破心底的桎梏，这样我们才能海阔凭鱼跃，天高任鸟飞。

很久以前，有个女孩高考失利，高中毕业后只能待在家里。后来，妈妈四处托人找关系，把她安排在村里的小学当代课老师。然而，当老师也并不容易，她走上岗位不到一个星期，就因为连最简单的数学题都无法讲清楚，最终被学生们赶下了讲台。她沮丧地回到家里，见到妈妈，不由得委屈得直掉眼泪。妈妈什么都没有说，只是告诉她："有人能把肚子里的东西倒出来，有人哪怕有一肚子的东西也倒不出来。所以，你不要伤心，你一定能找到适合你的工作。"

在家里休息几天之后,她就和村里的小姐妹一起去了南方的服装厂打工。然而,她才干了不到一个月,就被老板辞退了。原来,那些女孩全都技术熟练,但是她却根本不会裁剪衣服,而且在流水线上也总是跟不上进度。看着失望而归的她,妈妈又说:"没关系,那些女孩几年前就去服装厂打工了,她们自然轻车熟路。这么多年来,你一直在学校里读书,当然无法像她们那样信手拈来。"就这样,她接二连三地换了很多份工作,她不但当过会计,干过市场管理员,甚至还去当了纺织女工。遗憾的是,她始终没有找到适合自己的工作,因而不管干什么都半途而废。

眼看着到了而立之年,她去了聋哑学校当老师。看着那些残障的孩子们,她心中的爱如同泉水般涌了出来。很快,她就成立了属于自己的残障学校,而且还在全国范围内开了很多专门经营残疾人用品的连锁店。如今,她俨然事业有成,身价不菲。有一天,她突然问年迈的妈妈:"妈妈,我这么多年,干什么都不行,您为何总是相信我呢?"妈妈笑着说:"一块地,如果不适合种麦子,那么可以尝试着种豆子;如果种豆子收成也不好,那么就可以试着种蔬菜。假如种蔬菜也不合适,那么不如种瓜果。当然,最不济的情况下,还可以种荞麦。荞麦生命力顽强,总能够开花结果。总而言之,对于任何一块地来说,都有一粒种子适合它,它也必然有所收获。"她感动得热泪盈眶，原来这么多年来，母亲绵延不绝的爱浇灌了她这粒种子，使她最终生根发芽，开花结果，硕果累累。这就是爱的奇迹。

这不仅是爱的奇迹，也是尝试的结果。在30岁之前，女孩一直在尝试各行各业，却始终没有找到最适合自己的工作。直到30岁，机缘巧合，也或者说是冥冥中有一种力量，把她带到聋哑人的学校，她突然找到了最适合自己这片土地的种子。这样一来，她才能够发挥自身的潜力，最大限度地成就自己。

现代社会发展非常迅速，任何人要想在人生中有所收获，成就自己，就必须珍惜每次接触新事物的机会，从而不断提升和完善自我。当然，我们都不是神枪手，无法在第一时间就找到适合自己的工作，那也没关系，所谓年轻就是资本，趁着年轻，我们还有时间去不断尝试。只要我们拥有足够的耐心，只要我们坚持不放弃，我们最终一定能够找到生命力旺盛的种子，在我们的土地上生根发芽，从而最终成就我们辉煌的人生。

"创造条件"，需要你给出切实的行动

我们做事情要扎实思考、主动投入，你不主动，天上不会掉馅饼，天下也没有白吃的午餐，机会的出现还是要靠我们

自己。当我们没有机遇的时候,我们要懂得在这个时候创造机遇,有条件要上,没有条件创造条件也要上。

古时候有一个村庄,村子里的人以制作壁毯为生。他们制作的壁毯手工精美、图案多种多样,经常有外地的客商慕名而来。

村子里有个制作壁毯的老师傅米山,他做出来的壁毯是公认的最好的壁毯,但老师傅已经快80岁了,手脚都不灵便,就停止了工作,只在门口喝喝茶、晒晒太阳,日子过得很悠闲。村子其他的人都暗暗较劲儿,都想争现今壁毯第一人的名头。阿毛制作壁毯的手艺也不差,但是他太年轻,一直也不被人重视。一天,他特地拿着自己亲手制作的壁毯请米山师傅品评。米山师傅一向愿意提携后辈,就点点头说:"不错,不错!"

在第二天的集市上,阿毛的摊位边立起一块大大的牌子,上面写着:"米山师傅大力称赞的壁毯,欢迎选购!"这一天他的生意自然大为红火,很多客商都被吸引过去。这下子引起了村里人的不满,他们纷纷找米山师傅投诉,认为他这样帮阿毛是对大伙儿不公平。过了几天,当阿毛拿着自己制作的另一批壁毯请米山师傅看时,米山师傅不便答复,便微笑着没有说话。不料在集市上,阿毛立起一块牌子,上面写着:"米山师傅都无法评价的壁毯,欢迎选购!"这一次,阿毛又大获全胜。

人们把这件事告诉了米山师傅,有人抱怨道:"阿毛太能钻空子了,他一直打着您的招牌推销他的壁毯。"米山师傅却笑道："阿毛的壁毯如果质量不过关，这种手法再用下去也没什么效果，我又何必去阻止他。如果他的壁毯真的不错，能打开销路也很好啊，能想出这样的办法说明他头脑灵活。"

头脑灵活的阿毛，生意做得越来越好，再也不用打米山师傅的招牌了，因为阿毛壁毯本身就成了一块金字招牌。

坐享其成的人永远等不来成功，机会是创造出来的。试问一个连机会都不会创造的人，何来成功可言？机会往往藏在不可能的后面，只要你有头脑、够机警它就存在，可是，你要是看不见它，它就是虚幻的、不存在的。我们一定要看准时机，看准机遇，然后经过我们的努力运作，自己做自己的伯乐。

有些人总把没有机会作为没有成功的借口，而成功者则是不管在什么样的环境下都能找到让自己成功的机遇。机遇不是别人给的，而是靠我们用头脑去思考得来的。所有失败的人都会把失败的原因归咎于外因，从不在自己的身上找原因，时间一久，就习惯于平平凡凡地度过余生，创造机遇那更是想都不会想的事情。在财富的问题上，从来就没有轮流坐庄的，所谓"风水轮流转""一碗水端平"之类，不过是人们的希望而已，从来没有人觉得赚钱赚厌了，该把机会让给别人试试。机会取决于有没有发现机会的眼光，在一个精明的人眼里，生意永远做不完，机遇随时可以遇到。

第七章

不惧失败,唯有经历挫折才能变得更优秀

勇敢尝试，别因失败而裹足不前

我们都知道，成功并不是一件容易的事，没有人能够一蹴而就获得成功，大多数的成功都是在尝尽失败的滋味后，历经艰辛才得到的。因为惧怕失败，我们常常裹足不前，不敢轻易尝试。当年轻气盛的时候，年轻就是我们的资本，我们完全没有必要担心失败。因为即使失败，也比止步不前更好。我们有很多好的想法和创意，听起来像是天方夜谭，其实都是金点子。假如把这些想法付诸实践，有相当多的主意会在实践中获得成功，从而成就我们的梦想。然而，因为担心，也或许是杞人忧天，我们选择了放弃。如果没有尝试，也就没有失败，我们的人生没有失败的阴影，却也失去了成功的希望。面对苍白无力的人生，当进入暮年的时候，相信大多数人都会后悔吧。

在这个世界上，有哪件事情是没有风险的呢？可以说，凡事都有风险。在人生之中，我们常常面临机遇，有的时候，我们面临的是千载难逢的机遇。在这种情况下，我们必须张开怀抱去迎接可能到来的失败，才有可能获得成功。

古人云，失败是成功之母，还有人说，失败是进步的阶梯。的确如此，失败是值得我们感恩的。举个最简单的例子，每个人在学校的时候都经历过无数次考试，对于考试中出错的地方，老师在讲解的时候总会说："这次错的同学只要认真订正，下次就不会再错了。"事实就是如此，这次错的题目，在用心地听老师讲解并且订正之后，就留下了深刻的印象，再也不会出错了。人生也是如此。很多父母或者长辈总是对孩子各种限制和叮咛，生怕孩子走自己年少之时走过的弯路。实际上，有些错误是别人无法替代的，父母曾经犯过的错，不代表孩子也有免疫力。只有孩子也犯了同样的错误，他才会反思自己，不再把父母的叮嘱当成耳边风。

勇敢地去尝试吧，趁着年轻，趁着一切都可以重来，即使失败了，也无怨无悔，反而心怀感恩。当你失败的次数越来越多，你会发现自己距离成功也越来越近。尝试，还有成功的机会，不尝试，则连失败的机会都没有。人生就是一张白纸，我们从白纸起步，不停地积累经验。很多情况下，推动我们进步的恰恰是一次次的失败。与其让金点子停留在空想阶段，不如勇敢地将其付诸实施，这样一来，即使失败了，也是切身经验，也能让你之后的想法更加成熟和可行。

失败是成功之母，失败是进步的阶梯。当你学会从失败中汲取经验和教训，你就能踩着失败的阶梯获得极大的进步。失败，是一次反省自身、完善自身的好机会。

正视挫折，以苦难为养分

人人都渴望成功，殊不知，获得成功并非那么容易。大多数情况下，我们要想获得成功，就必然要不断努力、坚持付出。尤其是在人生遭遇逆境的时候，我们面对挫折和磨难，到底是选择迎难而上，还是选择知难而退，最终对我们的人生将会起到很大的影响。现实生活中，很多朋友都仰视成功者，对成功者无比钦佩，甚至反问自己为何不像对方那样成功。其实，细心的朋友会发现，他们的成功并非偶然，他们的为人处世以及对待人生的态度，与失败者都是截然不同的。

很多成功者不但事业有成，而且把家庭生活经营得很好，不但家庭和睦，而且与爱人感情深厚。对于这样占尽天时地利人和的人生宠儿，也许有些朋友会感到愤愤不平，他们不知道为何那些成功者总是得到命运的青睐，总是能够顺心如意。其实，朋友们，这样的看法是错误的。成功者并非因为得到命运的青睐才能顺风顺水，而是因为他们在战胜挫折的过程中越挫越勇，所以最终才能最大限度把握人生、主宰人生。

当然，人生不仅需要百米冲刺的爆发力，更需要跑完马拉松的毅力和韧性。人生不是百米冲刺，而是一场地地道道的马拉松。人生路上，有些人虽然能够获得昙花一现的成功，当时的确很辉煌，也惹人羡慕，而最终却因为缺乏坚持，导致人生突然急转直下。当然，这种情况之所以出现，原因是多种多样的，但是究其根本，我们不难发现，经历过挫折的人，他的成功才会变得更加坚实，他才能尽量避免人生的跌宕起伏。

关于挫折，大名鼎鼎的李开复认为，挫折不仅是毁灭性的打击，也是重生的机会。尽管遭遇挫折的时候我们会感到痛苦，但是，当我们最终超越挫折时，我们的心就会变得更加坚强，我们的人生也会变得丰盈厚重。而且，就像人的身体在打完疫苗后有免疫机制一样，经历过挫折的人也会具备对人生的免疫力，因而总是能够坦然面对人生的诸多情况，从而更有可能获得成功。所以我们说，没有经历过挫折而得到的成功总是不够坚实，唯有经过挫折的历练和捶打，成功才会更加可靠和长久。

1910年，松下幸之助进入大阪公司，成为一名默默无闻的学徒工。他小时候因为家境贫困，并没有接受过系统的教育，由此可以想象电器公司的工作对于他而言难度有多大。但是，松下努力克服一切困难，凭借着出色的工作表现，赢得了上司的认可和赏识。直到他觉得自己获得了成长，也积累了经验，能够独当一面的时候，他决定离开公司，独自创业。

松下创业时恰逢第一次世界大战，通货膨胀非常严重，因此松下手里不足一百日元的存款根本不足以创业，很多人都劝说松下不要冒险。但是，松下主意已定，他从未放弃成立公司的梦想，最终成功创办公司。然而，经济形势的确不好，他的产品根本没有销路，员工们也因为不看好公司的前景而相继离开公司，导致松下忧心忡忡。然而，发愁归发愁，松下毫不放弃希望，而是把这次危机当成是命运对自己的挑战，他决定坚定不移地迎战。然而，打击接踵而来，正当他带领公司度过危机时，1945年，日本宣布战败，松下的公司被定义为财阀，他为此无数次去找美军司令部交涉，受尽了屈辱和磨难。不得不说，松下的一生是跌宕起伏的一生，是饱经磨难的一生。他最终成为"经营之神"，就是因为他在逆境中从不放弃希望，所以他的挫折也为他的成功加分，使他的成功变得无比坚实。

和松下创业的困难相比，大多数人遭受的磨难都不值一提，当然，大多数人的表现也不值一提。也许有的朋友会说，因为我们遭遇的磨难小，所以我们没有出色的表现。其实不然。我们只有勇敢地面对人生，在人生中的磨难面前表现出自身的实力，才能更加勇敢地面对人生，发挥自己的潜力，成就人生。

朋友们，从现在开始，再也不要把挫折与磨难看成是人生的绊脚石，我们唯有正确对待挫折和磨难，并坚定勇敢地面对人生，才能成功提升和完善自己，获得属于自己的成功。要知道，挫折并不可怕，有了挫折的沉淀，我们的成功才不会轻飘飘的，才会更加厚重坚实，我们的人生才会更加精彩、辉煌。

先接纳失败，才能重新起航

在我们的生活中，我们常听到人们这样说："人有悲欢离合，月有阴晴圆缺。"的确，人生无常，没有永远的平平坦坦、一帆风顺，遇到些挫折和磨难在所难免。在失败中学会坚强，才能更好地感知生活、拥抱生活、创造生活、享受生活。

不少人都渴望成功，但结果并不一定如我们想象，似乎总会出现我们无法预料的因素。那么，我们面对不能避免、不可改变的失败，最好的态度就是认定事实，然后迅速调整自己的状态，找到问题的症结，重新起航。

我们都要明白这样一个浅显而深刻的道理，人这一生要经历许许多多的挫折。当我们所承受的挫折越多，说明你成功的机会就越大。面对挫折和失败，我们应该勇敢地、微笑地接纳它。如果你能鼓起勇气，尽自己最大的努力去战胜它，那么你就会发现，挫折和磨难的阴霾被驱散后，头顶上便是一片蔚蓝的天空。挫折和磨难对强者来说，是上天给予的奖励，强者可以从中自省自悟、吸取教训、重整旗鼓。挫折就是一份财富，经历就是一份拥有。淬火洗礼，越挫越坚，越挫越勇，坚如磐石，我们从中得到淬炼，得到成熟，得到成长，得到收获，此时的挫折和磨难，只不过是我们成功道路上的一块垫脚石。而挫折和磨难对弱者来说，是一道深不可测、无法逾越的鸿沟，甚至是他们的坟墓。驻足在这条鸿沟旁边，他们瞻前顾后、徘徊观望、唉声叹气，却没有想到这条沟正是自己给自己挖的，他们失去了战胜挫折和磨难的信心与勇气，自己放弃了很多本该和本能得到的美好东西。

你应该记住："我们最重要的工作，并非是眺望遥远的、朦胧的事物，而是切实可行的，明确的工作。"或许在我们的日常生活中，也会遭遇一些不同的挫折。这时候，要学会接受已经发生的事实，这是克服任何挫折的第一步，然后再寻找可以解决的办法，让自己从挫折中站立起来。

在顺境中多思考，我们能保持清醒的头脑、稳健前进的脚步；在逆境中多思考，我们会找到失败的症结，踏上通往成功的道路。

因此，我们要追求成功，就必须做好随时迎接艰难险阻的准备，不要因为一时的失败而灰心丧气，而应该勇敢面对、努力拼搏，始终坚信"阳光总在风雨后"。古往今来，所有的成功者都懂得"失败乃成功之母"的道理，为什么我们就偏偏要被失败打倒呢？

那么，我们该如何调整失败后的情绪然后重振旗鼓呢？

1.要积极暗示自己

生活是千变万化的,悲欢离合,生老病死,天灾人祸,喜怒哀乐,都在所难免。一次被拒绝的失望,一场伙伴的误会,一句过激的话语,都会影响我们的心情,生活中不顺心的事总是很多,这就需要我们每个人学会调节自己的心态。怎样调节呢?最简单有效的做法——用积极的暗示替代消极的暗示。当你想说"我完了"的时候,要马上替换成"不,我还有希望";当你想说"我不能原谅他"的时候,要很快替换成"原谅他吧,我也有错呀"等。要养成积极暗示的习惯。

2.告诉自己"总会有别的办法可以办到"

在竞争激烈的市场中,每天都有公司成立,但也有公司停止运营。那些半路退出的人说:"竞争太激烈了,还是退出保险些。"真正的原因在于他们遭遇障碍时,只想到失败,因此才会失败。

你如果认为困难无法解决,就会真的找不到出路。因此,你一定要拒绝"无能为力"的想法,告诉自己"总会有别的办法可以办到"。

我们的人生就如同大海里的船舶,随时都可能经历风浪。没有不受伤的船,也没有不经历磨难的人生。面对失败,我们不应该一味地怨天尤人和自暴自弃,而应该学会坚强,学会乐观,学会控制好情绪,更要学会调整自己的心态。先接纳失

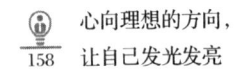

败,才能重新起航。

挫折不可怕,可怕的是向挫折妥协

有谁的人生之路会是一帆风顺的呢?在我们羡慕他人的光鲜亮丽时,也许他们在背后也曾吃了我们不知道的苦。因而,不要抱怨别人的人生为何顺遂,你的人生为何总是充满挫折。正确的做法是,要学会坚强,学会独立面对人生的一切苦难,学会永不放弃,更不妥协。在海明威笔下,老人与大马哈鱼奋战,又与闻到血腥味的鲨鱼奋战,虽然几天几夜没吃没喝没合眼,但永不妥协;虽然最终他只带回了大马哈鱼的骨头架子,但是他成功了。

纵观古今中外,没有任何成功者是因为妥协才获得成功的。大多数成功者的人生道路甚至比普通人更加充满坎坷和挫折,但是他们最终之所以能够获得成功,就是因为不妥协的顽强精神。人生,峰回路转所以更美丽,迂回曲折所以更变通。人生的现实,要求我们必须学会面对一切突发的和意外的状况。因而,我们可以选择失败,也可以选择坚强不屈地面对。

毋庸置疑,在面对失败时,我们会感到万分失望,但是痛定思痛,总结经验,我们才能踩着失败的阶梯不断进取。倘若就此沉沦，只怕再也没有机会改变现状、掌握命运。任何成功者，都不会以妥协的姿态获得成功。相反，一切的失败者，都是因为妥协和放弃，才最终失败。

杰出的音乐家贝多芬在与外界声音隔绝之后，坚持音乐创作并获得了巨大的成功；只受过3年正规教育，被老师认定是一个智力迟钝的学生——爱迪生，在经过不懈的努力之后，成为了最伟大的发明家之一。失败并不可怕，只要你在失败中不断地积累经验，终究能将失败变成财富。

人生百味，每个人都不可能只尝到甜。从现在开始，让我们更加努力地面对人生的种种磨难和挫折吧。只要我们坚持不懈、永不放弃、迎难而上，就一定能够获得成功，拥有辉煌灿烂的人生。不可否认的是，现代社会的生存压力的确很大，人们也比以往更加焦虑不安。如果我们轻易认输，失败就会成为一道永远也迈不过去的坎。相反，如果我们永不妥协，以积极的态度面对磨难，那么我们就能够把失败变成自己走向更高位置的阶梯。不曾从失败中汲取经验和教训的人，也很难感受到成功的喜悦。摆正心态，从现在开始坦然接受失败，并且勇敢地迎难而上吧！只要你不放弃，成功就一定会属于你！

突破"心理高度",不给自己设限

在生活中,许多人不敢追求成功,原因并不是追求不到成功,而是他们在还没有开始追逐之前就在心里默认了一个"高度",这个高度常常暗示自己:成功是不可能的,这个是没办法做到的。

由此,"心理高度"成为了人们无法取得成功的根本原因之一。自我设限是一件很悲哀的事情,我们要将成功的信念注入血液之中,不断地告诉自己"我能行""我努力就一定能成功""我是最优秀的",不断增强自信心,勇于向成功奋进。如果你不逼自己一把,你根本无法想象自己是多么出色。

1900年的某天,著名教授普朗克和儿子在花园里散步,他看起来神情沮丧,遗憾地对儿子说:"孩子,十分遗憾,今天有个发现,它和牛顿的发现同样重要。"原来,他提出了量子力学假设以及普朗克公式,但是,他一直很崇拜并虔诚地奉牛顿的理论为权威,而自己的发现将打破这一完美理论,他有些怀疑自己的判断,最终他宣布取消自己的假设。不久之后,25岁的爱因斯坦大胆假设,他赞赏普朗克假设并向纵深处引申,提出了光量子理论,奠定了量子力学的基础。随后,爱因斯坦又突破了牛顿绝对时空理论,创立了震惊世界的相对论,并一举成名。对自己的怀疑,常常会让我们失去成功的机会,或是让我们放慢前进的脚步。普朗克对自己的怀疑,使物理学界的相关研究滞后了几十年。所以,任何时候,切莫怀疑自己,而应努力、勇敢地证明自己,这样我们才有可能站在成功的顶峰。1796年的一天,在德国哥廷根大学,19岁的高斯吃完了晚饭,就开始做导师单独布置给自己的每天例行三道数学题。高斯很快就把前面两道题做完了,这时,他看到了第三道题:要求只用圆规和一把没有刻度的直尺,画出一个正17边形。高斯感到非常吃力,时间很快就过去了,但是,这道题还是没有一点进展。高斯绞尽脑汁,他发现自己学过的所有数学知识似乎都不能解答这道题。不过,这反而激起了高斯的斗志,他下决心:我一定要把它做出来!他拿起了圆规和直尺,一边思考一边在纸上画着,尝试着用一些常规的思路去找出答案。

天快亮了,高斯长舒了一口气,自己终于解答了这道难题。见到导师,高斯有点内疚:"您给我布置的第三道题,我竟然做了一个通宵,我辜负了您对我的栽培……"导师接过了作业,当即惊呆了,他用颤抖的声音对高斯说:"这是你自己做出来的吗?"高斯有点疑惑:"是我做的,但是,我花了一个通宵。"导师激动地说:"你知不知道,你解开了一道两千多年历史的数学题,阿基米德没有解决,牛顿没有解决,你竟然一个晚上就做出来了,你才是真正的天才!"原来,导师误把这道难题交给了高斯。每次高斯回忆起这一幕时,总是说:"如果有人告诉我,这是一道两千多年历史的数学难题,我可能永远也没有信心将它解出来。"

我们应该永远记住一句话:你比自己想象的更优秀。因为我们每个人所拥有的潜能都是无尽的,我们所展现出来的只是九牛一毛,还有更多的等待我们去挖掘。相信自己,多给自己一份肯定,自己永远比想象中优秀一点,这样,你才会成功地挖掘出自己的潜在价值,从而使自己变得更优秀。

只要我们勇于去寻找真实的自我,激发出自己无穷的能量,就能够彰显自身的价值,这会让我们人生的每一刻都过得精彩。

许多人不明白自己的价值所在,他们也不知道自己到底具有多大的潜能,所以,他们便不知道自己到底会有多么伟大。事实上,一个人的价值有时候是显现的,但在很多时候都是隐现的,而在每个人的身体里,都蕴藏着巨大的能量,这就是我们的价值所在。

迎难而上,才是面对失败应有的态度

从古至今,每个人都在追求成功。然而,大多数人在失败的绝望中放弃了努力,只有少数人一直坚持到最后,用失败孕育出成功。细心的人会发现，即使是伟人的成功也不是一蹴而就的。相反，伟大的人之所以能够取得如此骄人的成绩，恰恰是因为他们承受了更多的失败。在一生中，每个人都会遇到很多次失败，越是渴望成功，尝试着获取成功，失败的次数就越多。这正印证了人们常说的那句话，失败是成功之母。只有不断地从失败中汲取经验和教训，提升自己的能力，才能最终获得成功。

失败是成功之母是一个真理。很多人在追求成功的道路上，最害怕面对的就是失败。其实，失败没有那么可怕。如果不是一次次失败，居里夫人不会发现宝贵的镭，为全人类造福；如果不是一次次失败，毛主席不可能带领全国人民赶走侵略者，成立新中国……从小的事情来说，没有一次次尝试，婴儿便无法独立行走；没有一次次牙牙学语，婴儿永远也无法掌握语言的技巧；没有一次次失败，你甚至无法学会骑单车……不管是伟大的人生，还是平凡的人生，不管是伟大的成就，还是小小的获得，都是由一次次或大或小的失败塑造的。面对失败，只要我们摆正心态，失败就能成为我们进步的阶梯。反之，如果你失败一次之后就萎靡不振，那么失败就将成为禁锢你的牢笼。失败给予我们什么，完全取决于我们对待它的态度。所以，我们首先要做的是调整好自己的心态，以积极乐观的态度面对失败，这样，我们才能离成功近一步，再近一步。

心向理想的方向，让自己发光发亮

想要获得成功，就要不断地努力奋斗。失败，恰恰是奋斗的伴侣。在奋斗的路上，每一次突如其来的打击，每一次意料之外的挫折，都是失败的化身。面对这些，知难而退只会导致我们彻底失去成功的机会，只有迎难而上，继续尝试和努力，才能帮助我们离成功近一点儿，再近一点儿，直至最终获得成功。

很久以前，这个世界上没有电灯。每当夜晚来临时，人们就会点燃蜡烛、煤油灯照明，在昏暗的灯光下度过漫长的夜晚。为此，爱迪生非常苦恼，他想发明一种持续发亮的、经久耐用的灯泡，让人们的夜晚不再黑暗。

1877年，灯泡的实验开始之后，爱迪生试过很多材料。他先是使用一种炭条进行试验，但是炭条太脆弱了，不能作为灯泡的材料使用。后来，他又尝试金属材料，诸如钌和铬等，然而，它们虽然能亮起来，却只能维持短短的几分钟时间，就会被烧毁。在一次又一次的失败中，爱迪生并没有气馁。他始终在坚持尝试各种材料，失败了再来，失败了再来。即使别人嘲笑他在白日做梦，他也毫不在乎。后来，他终于发现了竹丝，将其作为灯丝，可以维持45小时左右。尽管这样，爱迪生还是兴奋不已，要知道，从几分钟到45个小时，这可是巨大的进步啊！实验进展到这一步，他已经足足尝试了六千多次，这需要多么强大的内心和顽强的毅力才能坚持啊！

经历过这次小小的喜悦，爱迪生再次开始进行灯丝实验。

直到1908年，爱迪生终于发现了适合用作电灯材料的钨丝。他欣喜若狂，钨丝不但能够长期使用，而且能发出非常明亮的光芒，简直是用作灯丝的不二之选。时至今日，电灯已经走进了千家万户，可以说，是爱迪生给世界带来了光明。

爱迪生为了灯泡的问世，付出了常人难以想象的艰辛和努力。仅以植物作原料的碳化试验就达到了六千多次。除此之外，他还进行了无数次关于矿石和金属的实验。在找到钨丝之前，他肯定也已经忘记了自己到底经历过多少次失败，他唯一没有忘记的是，失败了就换一种材料继续实验。正是因为有着如此执着的精神，有着面对无数次失败也毫不气馁的顽强毅力，爱迪生才能发明灯泡，为全世界带来光明。

失败并不可怕，重要的是，我们必须从失败中得到成长。只要你还在失败，就说明你没有放弃你的努力，这恰恰是你走向成功的必由之路。

保持积极向上的良好心态，才有可能获得成功

都说，温室里的花朵永远都长不大，因为温室里的花朵没经历过自然的风雨，一旦脱离了温室这个保护层，便没有了任何自我保护的能力。其实，人生也是一样，只有经历过一定的艰难

困苦，有了相应的克服经验，我们才能够变得更加优秀，拥有更加美好的人生。人生路上的艰难困苦是我们每个人都不愿意面对和接受的，却是我们每个人都不得不去面对的。无论拥有多少物质财富和多么崇高的权势地位，任何人的人生都不会是一帆风顺的。身为平凡世界中的凡夫俗子，只要是处于人际交往的关系网中，我们或多或少会遇到这样那样的艰难困阻。

遭遇到生活中的艰难困阻并不可怕，需要注意的是面对艰难时，我们需要持有的正确心态。遇到困难时，如果一味地悲观消极，挑选容易的倒退之路，结果只会是陷入失败的深渊。而只有保持积极向上的良好心态，用积极的意念鼓励自己，想尽办法不断向前，我们才能获得成功。只有经历过足够多的艰难之后，我们才会明白：命运就如同一只冷若冰霜的雄狮，从来不会因为你的软弱而对你有所施舍。而只有当你发奋努力，征服他以后，他才会听命于你。

在经济大危机时，里斯和妻子先后失业，一家人的生活顿时陷入困境。但是生活还得继续，为了能够继续生存下去，里斯和妻子每天都出去奔波，想要尽快重新找到满意的工作。然而，尽管他们白天很努力，晚上回到家之后，依旧只能是望着彼此摇头，不停地叹气。

里斯的父亲已经年迈，现在更是卧病在床。他曾经是举世闻名的拳击冠军，如今整个国家都陷入了经济危机，即便是他也无能为力。于是,父亲每天看着里斯跟妻子愁眉苦脸地进进出出却没有丝毫的进展,他终于忍受不住,将里斯叫到了床前,对他说了自己年轻时候夺冠的一次经历。

在一次拳击冠军争夺赛中,他遇到了生平最为强劲的一个对手,对方的身形比自己高大很多,因此,自己一直无法对其进行有效的反击,反而差点被对方击倒,连牙齿都被打掉了一颗。渐渐地,他的内心开始焦躁起来,出现了更多的失误。休息的时候,教练看出了他情绪的波动,鼓励他说:"忍住,你一定能够打到第12局!"听了教练的鼓励,他迅速调整了自己的情绪,不断地对自己说:"我不用怕,我可以应付!"于是,再次上场之后,虽然自己一直没有有效的反攻机会,但是他也没有给对手打倒他的任何机会。他总是跌倒了就爬起来,爬起来以后又被对手打倒,就这样循环,一直坚持到了第12局。

而就在第12局的最后十几秒钟,可能是前期力气消耗得太多,他觉察到对方的手开始发颤了。于是,他抓住这个最好的反攻机会,倾尽全力给了对手一个反击,只见对手应声倒地,他也终于获得了拳击生涯中的第一枚冠军奖牌。

父亲此刻的病痛很严重,谈话间,他的额头上已经布满了汗珠。里斯心疼得让父亲不要再说话,父亲却笑了,他紧握住里斯的双手,吃力地笑着说道:"没关系,我应付得了。"里斯此刻终于明白了父亲的苦心,含着泪向父亲保证道:"您放心，我们也一定能够应付过去。"

从此以后，尽管家里还是一样的困顿，但是里斯不再愁眉苦脸。白天，他和妻子一起出去努力找工作，晚上就回到家中快乐地陪伴家人。因为非常努力地跑了很多地方，里斯和妻子最终也终于找到了满意的工作。很快，一家人又恢复了以往的宁静与幸福。

自此以后，每当家中有亲人遇到困难的时候，里斯总会想起父亲说过的这段话。他会不断地告诉自己："这次，我们也一定应付得了。"命运就是这样，越是坚信自己可以应付，最终一切也真的就应付过去了。

很多时候你会发现，其实我们都跟故事中的里斯一样。人生其实并没有过不去的艰难坎坷。只是很多时候，好的命运都需要我们自己去创造和改变。当改变不了生活的现状的时候，我们可以改变自己的心态。只有经历过生活中的苦难以后，我们才会有足够的经验与阅历，将我们剩下的人生过得更加美好。因此，请你相信，人生必定是一场修行。不论是面对巨浪滔天的困境，还是磨人不已的小麻烦，我们都应该随时赋予自己改变命运的力量与勇气，不断告诉自己："我一定能够应付得来。"只有这样，我们才能够最终收获到真正令我们满意的人生。而当我们坚信"生活中的苦难只会使我们更加优秀"的美好信念以后，你会发现，生活中这些所谓的艰难困苦便会越来越少。艰难困苦会在不知不觉中慢慢远离，往后的生活，无须我们自己多加矫正，生活自然会回归到风和日丽的宁静中。

请你相信，学会依靠自己，不断坚定克服困难的勇气与希望，你会走出人生中的所有艰难时刻。就好比走出人生的低谷，摆在你面前的只会是一片湛蓝的天。而经历过生活中的艰难，你只会变得比以前更加优秀！

第八章

解放思维,用与众不同的思维模式成就自己

独辟蹊径，创新思维引领你进入成功新天地

要想脑洞大开，拥有创新思维，发挥自己的创意，我们就不要一味地跟在别人的后面跑；要想胜人一筹，就要有独辟蹊径、开拓创新的精神。与众不同的思维模式可以成就自己、吸引别人。在如今这个新事物层出不穷的变革时代，创新已经变得极其重要。这不仅是生存的需要，更是发展和成功的需要。创新失败已经不是耻辱，不创新才是耻辱。今天，一个人要想立足社会，有无创新意识和创新能力将成为一个人成败的关键。

创新创造价值的观念早已扎根于那些成功者的大脑中，在不断开发自己的大脑、实现创新的过程中，他们的个人资本逐渐增加，为以后成就大事打下了坚实的基础。而更有一部分人，他们的一生都在为自己的理想和金钱的富足而拼搏，只因偶尔的灵机一动，灵感的火花就使得他们创造了无穷的价值、实现了个人的飞跃。

1973年，年仅15岁的格林伍德收到别人送给他的圣诞节礼物——一双冰鞋。他非常高兴，因为他一直渴望有滑冰的机会。

拿到这件礼物后，格林伍德马上就跑出屋子，到离家很近的结了冰的小河上去溜冰。可当时天气太冷了，一溜冰，耳朵

被风吹得像刀子割了似的。他戴上了"两片瓦"式的皮帽子，把头和腮帮捂得严严实实的，一玩起来又热得满头是汗。

格林伍德想，为什么大家设计的为耳朵保暖的东西都是帽子呢？这样不利于运动。既然耳朵容易感觉冷，那就应该做一件能专门捂住两边耳朵的东西。

回到家后，他细心研究，在纸上勾画着。他终于琢磨出一个大概的样子，然后请妈妈照他的意思做。他妈妈摆弄了好半天，缝出了一双棉的耳罩。格林伍德戴上它去溜冰，果然很管用。一些朋友见到了，也向格林伍德要。格林伍德和妈妈商量后，去把祖母也叫来，一起做耳罩。经过几次修改，耳罩做得更适合，也更好看了。小格林伍德把它取名为"绿林好汉式耳套"，并且向美国专利局申请了专利。因为这项专利，格林伍德最终成为了百万富翁。

就是这样的一个想法，一个与众不同的思维方式，使得小格林伍德尝到了创新的甘甜。他在金钱方面的积累在短时间内迅速飙升，命运也因为这样一个独特的创新性思维带来的收获而改变。仔细分析，格林伍德的成功有两个关键之处，一是别人戴帽子或不戴帽子已形成了习惯，不再去想怎样保护耳朵，而他却专门做了个耳套；二是做了耳套后，他为之命名并且申请专利。换句话说，他懂得开发自己的创新思维，从小处着眼，向大处推广，把自己的创新意识扎根于细微之处。

从上面的故事，我们不难看出，创新思维直接表现在人们日常生活中所说的创意上，创意的起源常常是有心人的灵机一动，不需要经过严谨的学术训练和精密的理论论证。任何一个人都可以与创意亲密接触，只要勤于观察，善于思考，大胆创新，就有可能出奇制胜，获得可观的效益。

减肥是令许多人望而却步的难事，是许多胖子的大难题。市场上的减肥中心、减肥药物等种类繁多，竞争已到白热化，大家的利润也因此降到很低。这也使得减肥者感到茫然，不知道该选择哪一家好。但有一家减肥中心因为一个创新的减肥绝招而门庭若市。

一天，一位胖男人慕名而来，他已有过多次失败的经历了。他抱着最后一试的态度问教练，他该怎么办。

教练记下了他的地址，然后告诉他：回家等候通知，明天会有人告诉你怎么做。

第二天一早，门铃响了，一位漂亮性感的青春女郎站在门口，对胖子说：教练吩咐，你要能追上我，我就是你的。胖子大喜，从此每天早上都在女郎后边狂追。如此数月下来，胖子已逐渐身手矫健起来，他早就忘了这是减肥，一心想着要把那姑娘追到手。

直到有一天，胖子心想：今天我一定能追到她了。他早早起来在门口等着，那位姑娘没来，来的是一位同他以前一样胖的女士。

胖女士对他说:"教练吩咐,我要能追到你,你就是我的。"

诚然,这个故事包含着一定的喜剧色彩,但我们在一笑而过之后,也不免为这位教练的机智和创新性思维眼前一亮。正是这种新鲜、与众不同的方法与感觉,使得这家减肥中心的生意日渐火爆,也使得人们对创新的效果理解更深。

大富豪洛克菲勒有句名言:"如果你想成功,你应另辟蹊径,而不要沿着过去成功的老路走……即使你们把我身上的衣服剥得精光,一个子儿也不剩,然后把我扔在撒哈拉沙漠的中心地带,但只要有两个条件——给我一点时间,并且让一支商队从我身边经过,那要不了多久,我就会重新成为一个亿万富翁。"敢于说出这样的话的人,肯定充满了豪情壮志,让人不禁动容,这种坚定的信念和敢于创新的精神无疑是做事成功的一个根本素质。

拥有创新思维,在平时的生活中多留心观察,同时开动自己的大脑,抓住自己一时的灵感,拥有创意,并敢于行动的人,多半会成为成功者。创新性思维每个人都能够具有,而创意就发生在我们的身边,它可以不是一个具体的产品,可以只是一种思路。

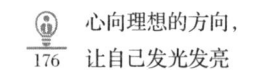

思想的高度，决定了人生的高度

人生路上，思想的高度，往往决定了我们人生的高度，也决定了我们人生之路究竟能前行到何处。一个人假如从思想上就自暴自弃，那么无论他能力多么强、水平多么高，他最终也会因为缺乏人生的指引，而使人生碌碌无为、默默无闻。相反，一个人哪怕出身卑贱，注定一生之中默默无闻，只要他心怀梦想，也必然能够与命运对抗，甚至彻底扭转命运。

思想是如此神奇，甚至能够主宰我们的命运，那么，到底何为思想呢？所谓思想，就是输入大脑的诸多信息在经过大脑加工之后，形成了能够指导人类行为的各种意识。思想既是某种观念，也是一种意识；既是理性的，也是感性的。有人把思想比喻成一把双刃剑，这是因为不同的思想对于我们的人生将会起到不同的影响。有些人的思想积极上进，人生也变得非常奋进。相反，有些人的思想悲观消极，人生也停滞不前。所以说，人生会因为不同的思想发生相应的转变，我们应该不停地纠正自己的思想，如此才能更好地发展人生、成就人生。

记得曾经有位名人说，思想有多远，人就能走多远。这句话到底应该如何看待呢？有人说这句话过于唯心，把意识提升到了凌驾于物质之上的地位。思想真的能够主宰一切吗？其实，物质决定意识，很多时候，哪怕我们的思想意识非常强烈，也无法改变世界客观的存在。因而，"思想决定人生"要想成立，就必须把思想意识和唯物主义结合起来，如此才能对其进行恰到好处的理解和解释。

毫无疑问，思想就相当于是灵魂。不管是一个人，还是一家企业，抑或一个社会，都应该有自己的主流思想，才能有灵魂。一个人如果没有思想，必然陷入沉沦和麻木之中，人生也会变得毫无意义。一个企业如果没有思想，没有灵魂，那么就会变成一盘散沙，最终难以继续朝前发展。一个社会如果没有思想，结果就会更加可怕。社会的沉沦必然导致社会秩序的混乱，人们因为没有思想作为指引，行为也会非常混乱。这样一来，社会还如何向前发展呢？由此可见，不管是个人、企业还是社会，甚至整个民族，都要有思想有灵魂，如此才能在发展的道路上越走越远。从这个意义上来说，"思想有多远，人就能走多远"这句话也是正确的。人们常说性格决定命运，也是同样的道理。

古人云："志不强则不达。"我们要想实现人生的梦想，就必须对于人生有着强烈的憧憬和渴望。唯有如此，我们才能在人生的道路上排除万难，最大限度发挥我们自身的潜力，从而做到实现梦想、圆满人生。古今中外，大凡成功者，无一不是有着远大志向和坚定信念。没有人的人生会是一帆风顺的，所谓人生不如意十之八九，我们必须正确对待人生，树立人生

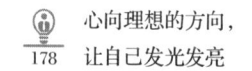

的远大理想，才能最大限度完成人生的梦想和理想。

马斌刚刚到美国学习音乐的时候，因为穷困潦倒，不得不和一位黑人琴师一起，充当起街头艺人的角色，在一家商场门口合作进行音乐表演，从而获取微薄的收入维持生计。后来，马斌逐渐积累了一定的积蓄，因而他毅然走入大学，开始进行系统的音乐学习。然而，他的积蓄很快就花完了，生活拮据的他并没有重新回到商场门口卖艺，因为此时此刻他对于音乐的执着追求已经远远超越了他对于物质的需求。

后来，马斌得到朋友的资助，在美国举办了个人演唱会，创下了中国人在美国开音乐会的先例。后来，他在音乐的道路上越走越远，最终成为大名鼎鼎的作曲家。有一天，马斌再次路过那家商场的时候，无意间看到当年与他合作卖艺的黑人琴师还在那里。他走上前去与黑人琴师打招呼，黑人琴师问马斌现在在哪里挣钱，马斌随口说出一家知名音乐厅的名字，不想黑人琴师说："哦，那里应该能挣到很多钱吧！"一心只想着向钱看的黑人琴师哪里知道，如今的马斌早已享誉全球，成为大名鼎鼎的作曲家了！

可以说，黑人琴师在与马斌一起合作卖艺的时候，他们的水平相差无几。然而，随着马斌的不断进步和进取，黑人琴师最终被远远甩下，再也无法与马斌相提并论。由此一来，他们的人生也有了天壤之别。这就是思想上的不同造就了他们不同的人生。倘若当初马斌不是一心一意地追求音乐,而是和黑人琴师一样只想着挣钱,那么他也许现在也还在那家商场门口卖艺呢!相反,那个黑人琴师如果能够学习马斌的积极进取,就算如今的成就不会如同马斌一样,至少也不会数十年如一日地靠卖艺生活。

思想的确能够影响人们的命运,我们唯有把思想不断提升,我们的人生才能随之改变。朋友们,要想在人生路上有所成就,我们就必须不断提升和完善自己的思想意识,这样我们的人生才能到达新的高度,我们的未来才会与众不同。

保持理智,对于"马路消息"要有辨识力

我们正处于一个快节奏的社会之中,新的潮流、新的变化每天都在产生,如果你缺乏必要的辨识能力,那就很容易被挟裹之中,迷失自己。

有一个金矿主,他死后灵魂随风飘向天堂。在天堂的门口,看门的天使拦住了他,对他说:"你本来有资格住进来,但是不巧今天的名额已经满了,没办法让你进去。"这位金矿主很失望,他低头想了一下,忽然间有了办法。他请求天使让他对今天进天堂的人说一句话,只说一句就行。天使答应了。

于是金矿主拢起嘴大声喊道："在地狱里发现黄金了！"天堂的门很快就打开了，里面的人蜂拥而出，连看门的天使都忍不住跟在后面跑。看着滚滚而去的人潮，这位金矿主也迷惑了，他迟疑了一下，自言自语道："不，我认为我应该跟着那些人，这个谣言中可能会有一些真实的东西。"

谣言的诱惑力就是这么大，当它追随者众多的时候，连它的制造者也会把持不定，对眼前的良机总抱着"宁可信其有，不可信其无"的态度。我们都有这样的体验，当听到许多人都靠某种方法发达的时候，心里也总是蠢蠢欲动。但是我们要知道，在每一次选择中，依靠非专业的亲戚朋友所提供的建议显然不是好方法，即使他们是善意的，而且并未夸大其词，也不可以全部采纳。过去对他们行得通的事情，换一个时间段未必同样顺利，此外，因为各人的客观条件不同，适合这个人的成功模式，另一个人复制过来就未必有效。所以请千万不要相信社交场合中有关成功的"小道消息"，那类场合绝非获得消息的好渠道，有潜力的项目必须是经过研究分析，并且是比较过风险、报酬率、经济与市场状况而来的。

人们运用自己客观分析所得出的结论，与耳朵里听到的信息往往存在着差异，我们如果要让自己获取更大的成功，唯一可以依靠的是自己灵活、敏锐的头脑。我们必须不断地接受新的信息，磨炼经营感觉，掌握许多与经营感觉相关联的东西。

对于每天所遇到的事物怎么看待、怎么吸收，对眼前的事物怎么感受、怎么思考，要从这当中一点一点地磨炼下去。

埃迪在伦敦经营着一家咖啡馆，他的小店深受欢迎，人们都愿意到这儿约见朋友或者独自享受闲暇时光。埃迪在自己开店之前，几乎走遍了周围大大小小的咖啡馆，他是带着无数个问题来品尝咖啡的。每喝到口味一流的咖啡，他都会仔细探究那种咖啡为什么好喝，确认其是用什么煮的，探究咖啡豆的种类和搅拌方法，有机会时会直接询问老板的秘诀。再深入探究下去，埃迪明白除了咖啡本身的味道差别，店内的气氛也有相当的影响。就这样，对"为什么"的思考挖掘下去，从感到咖啡好喝入手，埃迪得到了各种各样的情报。这都是宝贵的第一手资料，对于埃迪开创自己的事业有极大的帮助。

同样是在街上漫步，无心人往往什么也感受不到，而有心人，如经常寻找新事业发展契机的创业者，会将一些事物和现象牢牢地刻印在大脑里，随时为自己的实力补充新的能源。

当我们进入一个新领域的时候，常常会存在一种矛盾心理：相信自己还是相信别人。因为环境所限，一般人们都缺乏好的信息来源和投资参谋，他们所接触的，大都是廉价的观点和夸大其词的评论，它们只能干扰一个人的独立思考，并将其引入歧途。"知者不言，言者不知"是投资市场上的真理，任何一个认真而负责的分析者是不会到处兜售自己观点的，因为

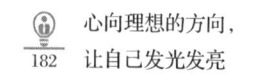

他们知道,市场上没有绝对正确的判断。

那些经历了大浪淘沙的成功者,大都有足够的理智、自信和耐心,并且能够战胜怕输的心理、从众的心理,冷静观察,独立思考,最终成就一番事业。

突破思维定式,给自己的思维解绑

一个人如果形成了某种思维定式,就好像在头脑中筑起了一条思考某一类问题的惯性轨道。有了它,再思考同类或相似问题时,思考活动就会凭着惯性在轨道上自然而然地往下滑。思维定式是阻碍人前进的一条铁链,它使人的思维进入无法前进的死胡同。

要摆脱和突破思维定式的束缚,往往需要付出极大的努力。无论是在创新思考的开始,还是在其他某个环节上,当我们的创新思考活动遇到障碍、陷入某种困境、难以继续下去的时候,一般都有必要认真检查一下:我们的头脑中是否有某种思维定式在起束缚作用?我们是否被某种思维定式捆住了手脚?

有一个小故事,很能说明问题。

有一个边防缉私警官,他经常会看到一个人推着一辆驮着大捆稻草的自行车,通过他的边防站。

警察的直觉告诉他，这个人肯定有问题。于是，警官每次都会命令那人卸下稻草，解开绳子，并亲自用手拨开稻草仔细检查。尽管警官一直期待着能发现些什么，却从未找到任何可疑之物。

这天傍晚，警官像往常一样仔细检查完稻草，然后神色凝重地对那人说："我们打了很多次交道，我知道你在干走私的营生。我年纪大了，明天就要退休了，今天是我最后一天上班，假如你跟我说出你走私的东西到底是什么，我向你保证绝不告诉任何人。"那人对警官低语道："自行车。"

这位警官的思维就被禁锢在那一大捆引人注目的稻草上，而忽略了作为"运输工具"的自行车。

很多时候，我们在寻找解决问题的方法时，往往把问题考虑得过于复杂化，其实事情的本质是很单纯的。表面看上去很复杂的事情，其实也是由若干简单因素组合而成。所以，我们应该锻炼自己的头脑，扩展自己的眼光和思维。灵活的头脑和卓越的思维为我们提供了这种本领，深入地洞察每一个对象，就能在有限的空间成就一番可观的事业。

孙月刚参加工作的时候，家里长辈就叮嘱她做事要小心谨慎，不要像在学校里那么随意。孙月本身也不是个争强好胜的人，每天按时完成老板交代的工作，不违背自己的工作原则，总而言之，就是一个普普通通的小职员。小公司里人事简单，孙月在这里做得还挺开心的，不知不觉两年过去了，孙月虽然没有升职，但也变成一个有点资历的"老"员工。

一天老板交给孙月一项任务，做一份公司的年度规划。孙月知道，考验自己的时候到了。她就像往常一样趴在桌子上慢慢地想，慢慢地查资料，慢慢地规划，就这样不知不觉一个星期过去了，眼看离老板交代的时间越来越近，可她还是一点头绪都没有。这时候一位平日关系不错的男同事提醒她说："你可以换一种思维呀，不要老是局限在自己以前的固定模式里，像这样的规划，你必须到市场上先了解现在业务的行情，然后根据现在的业务量和以前的业务量以及人们的平均消费水平进行综合评估，这样才可能圆满地完成任务呀！"孙月茅塞顿开，是啊，自己一直以来都是在电脑上、资料上研究问题处理问题，却忘了现在任务不同，自己原来的固定模式已经不适应现在的情况。于是她亲自到市场上研究，然后结合以往的资料完满地完成了任务。

我们在处理事情的时候，经验的作用是不可小觑的。这也就是说，你会按大脑资料库里储存的东西，给当前的事件定性，然后再把以前解决问题的方法套用到这个事情上来。说起来很麻烦，其实在我们头脑里它只是一个下意识的选择，事情一出来，你会想："哦，这个我熟，如此这般，就可以搞定了。"

思维的定式当然也有它积极的一面，它可以帮助我们迅速解决问题，但是你如果陷到某种"定式"里出不来，它就成了束缚我们创造性的枷锁。

无论是思考如何解决碰到的新问题，还是对已熟悉的问题寻求新的解决方案，一般都需要在探索、尝试的基础上，先提出多种新的设想，最后再筛选出最佳方案。而基于反复思考一类问题所形成的"一定之规"，对这样的创新思考常常会起一种妨碍和束缚的作用。

持有这种心理状态说明你是一个对自己的能力缺乏自信的人，有极强的依赖性与惰性。如果能够转变一下思维方式，视野一下子就会打开。之后你就会觉得，方向更清晰，可做的事情也更多了。

敢于质疑，在质疑中寻求突破

人脑是一个制造模式的系统，按照最简单的原则行事，它依赖于早年形成的模式，置模式外的信息而不顾，所以人脑最易趋向习惯。一个人的日常活动，90%已经通过不断地重复某个动作，在潜意识中，转化为程序化的惯性。也就是，不用思考，便自动运作。这种自动运作的力量，会把人们拘禁于一个谨小慎微的牢笼之中。只有敢于质疑，在质疑中寻求突破的

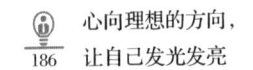

人，才可能在自己的领域获得突出成就。

权威人士在各行各业中所起的巨大作用使人们对他们普遍怀着崇敬之情，一听说是某某方面的权威，便会肃然起敬，这是十分正常的。但如果这种崇敬演变成迷信，那不仅不正常，反而是十分有害的。因为当我们对权威产生迷信时，便会习惯于他们的观点，不假思索地以他们的是非为标准来考察问题。这时，即使产生了一些创新的设想，往往也会由于违背了权威的定论或没有得到权威的认可而轻而易举地自我否定掉。

每个人的思想总会不自觉地受所处环境的制约，因而他的思想也不可避免地被局限在特定的、自以为非常合理的圈子中打转。学会思考，你将清晰地看到世界，并能够控制自己的生活，而不是被生活牵着鼻子团团转。

我们经常用生活中普通的规律去看待事情，这样，我们便故步自封、画地为牢，久而久之，便形成了惯性思维，倒在失败的经验中爬不起来，认为有些事自己永远都办不到，却完全忽视了许多内部和外界的条件已经改变，以致失去了一次又一次唾手可得的机会。因此，当我们发现自己被惯性思维锁住时，一定要当机立断，立即挣开它的捆绑。

据社会学专家们预测，未来的社会将变成一个复杂的、充满不确定性的高风险社会。今后的时代我们要想发展，必须树立不怕失败的信念，果断地做出决定，投身新的环境，去发挥全部才能。这种不怕失败，准备在万分紧迫的情况下发挥全部才能的态度，反而有可能防止更大的失败，并大大提高自己的才干。

深秋季节，草原上起了火，大风中火越烧越大。牧民们什么都顾不上了，他们在大火来临之前四散逃奔。可是人在前面跑，火借风势在后面追，即使人跑得再快，也没有风和火的速度快。很多人在精疲力竭之后，最终被大火无情地吞没。但是，有几个人只受了轻伤，幸存了下来。

救他们的不是速度，而是头脑。他们没有按照常规思维拼命向前跑，相反，他们义无反顾地迎着火的势头，向大火冲去，从凶猛的火舌的缝隙间穿过去，反而到达了安全地带。

只有曾经面对艰险的人，才会理解"安全"的真正含义。如果一个人具有开拓者的勇气，喜欢迎接新的挑战，在披荆斩棘的发展过程中，他将一点点地强大起来。

敢于质疑，能使大脑处于一种探索求知的主动进取状态，使大脑的思维处于朝气蓬勃的创新状态。在接受别人所谓的"板上钉钉"的道理时，要敢于提出相反的思路；要挑战一切，不怕提出"愚蠢"的问题。记住：永远不要被权威人士吓倒。无论个人还是企业，只有勇敢地冲出思想的重围与禁锢，才能开创不寻常的事业。

思考是打开成功大门的钥匙

思考并不是科学家、发明家和伟人的专利,普通人同样有思考的权利。那些演艺明星、社会名流、商业巨子为什么能够实现自己的人生价值,并能取得大大小小的成功呢?答案就是他们有独特的思考技巧。所以,从这个意义上说,人的成就首先是"想"出来的,是在正确思考后,并采取行动干出来的。每一个追求成功的人,几乎都能意识到:思考是打开成功大门的钥匙,他们都希望自己养成善于思考的好习惯。

但是,在生活中,仍有一些人不善于思考,没有养成思考的习惯。特别是当一些成功的经验被定格在"习惯"上之后,一旦面对新问题,就会做出消极的反应,不想再做新的思考,一切都显得理所当然。

一个养成思考习惯的人,往往不满足于现状,不因循守旧,不迷信经验,不盲从别人。他们遇到问题时,首先不是去接受别人的观点,而是多问一些"是什么""为什么""怎么样"等,养成了这样的习惯,他就不会只做一个机械的操作者、搬运工,因为他习惯了思考、观察,敢于突破条条框框的束缚,寻求新的思路,这样才会成为成功人士。

在充满竞争的社会里,要想成功,你必须有能力战胜别人,否则就会被别人"吃掉",被社会"埋没"。在你的事业中，时时刻刻都会出现机会，也许只需要你灵机一动，事情的结果就会不一样。

不同的思考方式决定不同的行为目标，思考未来的技巧为你创造一种未来的新形象；要想取得突出的成绩，思考是必不可少的。如果你想迅速致富，那么你最好去找一条捷径，不要到摩肩接踵的人流中去拥挤，要摒弃"不可能""办不到""多么愚蠢"的消极念头，努力将自己的思维和视野变得开阔起来，善于从习以为常的事物中发现新的契机，去认识和发现新的事物。

巧妙的思考技巧，对致富来说，无异于机器内部的硬件。大多数人并不缺乏必要的知识与才能，但却没有养成一个巧妙的思考习惯。拿破仑·希尔在遍访当时美国最成功的五百多位富翁之后得出一个结论："思考即财富。"中国一位传奇的民营企业家也有句名言："没有做不到的，只有想不到的。"可见，思考方法的匮乏是妨碍致富的又一大障碍。只要养成善于思考的习惯，就会获得意想不到的效果。

美国有一个优秀的商人名叫杰瑞，有一天，杰瑞对儿子说："我已经选好了一个女孩，做你的妻子。"儿子很生气地回答："我自己要娶的新娘我自己会决定。"杰瑞说："但我说的这个女孩可是比尔·盖茨的女儿呀！"儿子欢呼起来："我同意！"在一个聚会中，杰瑞跟比尔·盖茨说："我来帮你的女儿介绍个好丈夫。"比尔·盖茨说："我要尊重我女儿的选择！"杰瑞又说道："但我说的这个年轻人可是世界银行的副总裁喔！"比尔·盖茨大吃一惊："那太谢谢你了……"

接着，杰瑞去找世界银行的总裁，杰瑞说道："我想介绍一个年轻人来当贵行的副总裁。"总裁说："我们已经有几十位副总裁，够多了！"杰瑞说："但我说的这个年轻人可是比尔·盖茨的女婿喔！"总裁激动地叫道："请那位年轻人马上上班……"最后，杰瑞的儿子娶了比尔·盖茨的女儿，又当上了世界银行的副总裁。

杰瑞真是一个会思考的人，他以自己的超人之思，终于如愿以偿，皆大欢喜。很多成功人士都和杰瑞一样，有一双慧眼，是事业、生活中的有心人。有心人往往勤于观察，乐于思考，善于发现。当一些人从生活中发掘了致富信息，并获得成功后，有些人就会顿生懊悔之心，说："我天天都见到那些致富信息，怎么就没想到利用它来致富呢？"

一个聪明人比一个普通人的高明之处在于，他总是比别人多想几步。其实，有时只要比平时多想一点就会把事情处理得很完美。在现实生活中，多想几步，也就是说，具有一定的远见卓识，将给我们带来极大的价值。深度思维与发散性思维会给我们带来巨大的利益，会打开不可思议的机会之门。对于追求成功的人来说，机会是平等的，就看你愿意不愿意运用"思考"的武器，去发现机遇，把握机会，攻克成功路上的难关。

无论从事何种行业，只要养成勤于思考的习惯，总会惊喜地发现新天地。尤其是那些身陷困境的人，更要开动脑筋，大胆思考，敢于走前人没走过的路，才有可能从"山重水复"走到"柳暗花明"。

适当变通，放弃有时候才有新的开始

有人说"成功就是坚持坚持再坚持，然后放弃"，这句话教给我们如果一件事情本身没有坚持的必要了，或者不适应这个时代，那么我们就要学会变通，学会放弃。在工作中也是一样的，如果再三坚持，我们没有任何进展，或者收益并不像我们所想象的，那么换一份更好的、更适合自己的工作，也许会有更好的结果。

"上帝为你关上一扇门，一定会在别处打开一扇窗"。年轻人要学会适当变通，只要不是自己的性格缺陷造成的工作无法继续，而是所在单位整体氛围的问题，我们就没有必要妥协，跳槽对于我们来说，倒是一份福祉。

工作很重要，但是它比不上一个人的人生重要，比不过一个人的心理健康重要，如果工作单位的企业文化和你的信念，与你的传统文化意识有冲突，那么在这种氛围里，你会受到极大的摧残。

有一个年轻人大学毕业后曾在一个日企工作过一段时间，那段时间他每天上班前都要哭一场，工作对于他犹如炼狱，3个月他瘦了10斤，精神抑郁。他本人和日企文化之间有着不可能融合的鸿沟，日企文化严谨，做事一板一眼，工作强度和压力都非常大，这和他散漫的性格格格不入，他需要有张有弛的工作环境。他的家人实在看不下去，逼他辞了职。后来，他去了一家创意型公司，精神愉悦了不少，工作也有了很大进展。

无论如何，也不应该鼓励年轻人轻易跳槽，但是，如果有非跳不可的理由，或者有更好的选择，抑或是能够帮你更好地实现个人价值，跳槽就是一种理智的行为。能够积累经验固然是每个人都希望的，但这个时代允许人们更快地实现自我价值，允许人们有更多的选择，所以一旦机遇来临，你完全可以毫不犹豫地抓住它。

工作只是一个平台，它的意义在于实现自己的人生价值，在于你对于这个世界的贡献。如果有一个岗位，你可以更快地、更多地奉献自己，做出更多有意义、有价值的事情，对于你来说不是更好吗？对于工作，我们都有自己独特的见解。对于别人来说是好工作好机会，对于你来说也许一文不值，所以，如果你决定跳槽，就必须找到绝对不能容忍的原因，而不仅仅是借口，同时还要为自己找好退路，莽撞的跳槽和辞职是不妥当的。

跳槽固然意味着机会，但同时也有巨大的风险，想要跳出更大的职业发展空间、跳出更好的薪酬待遇，就要在跳前弄明白你想去的行业、公司的具体状况，做好各种规划，不能盲目地跳槽。

首先，在跳槽前弄清楚自己离开公司的最根本原因是什么，然后才能找到一个更好的工作单位。例如，因为你不喜欢、不适应这个行业，学不能致用而跳槽，那么跳槽的同时你还面临转行；如果你是因为不能融入企业文化而跳槽，在收集将要去的公司资料的时候就要特别注意公司文化和你自身意志的一致性；如果你是因为经过努力可人际关系仍然无法融洽而跳槽，那么你最好经人介绍而找工作，避免进入一个你仍然不能融入的环境；如果你是因为另一个公司的待遇更好，发展前景更广阔而主动跳槽，你最好了解清楚他们公司是否有你最不能容忍的状况存在。

弄清楚自己真正跳槽的原因之后，必须对跳槽有一定的心理准备，跳槽的结果不一定是好的，也许会更糟，对此有一个清醒的认识，才不会在将来后悔。在决定跳槽之前一定要清醒地认识到自己需要找一份什么样的工作，问自己几个问题：我需要入哪个行业？从事什么职务？这种职务需要哪些技能和专业知识？我能否胜任？是否有进修机会？职业前景是否良好？我为此愿意承担怎样的压力？如果这次跳槽失败，我准备在多久以后着手下一次跳槽？想清楚自己适合做什么，对于跳槽是非常关键的。

其次，你需要建立自己的信息渠道，搜集一些未来希望待的公司的情报，例如，定期浏览招聘网站，了解就业市场的情况；利用自己的关系网了解自己希望进入行业和公司的基本状况，如待遇情况、公司文化、人际状况等；或者通过猎头，寻找你觉得满意的工作岗位。列出一张有可能的雇主清单，通过信件或电子邮件的方式和他们进行交流。

最后，准备好这些以后，你就要真正把跳槽提上日程了，和原有的公司善始善终地结束关系，也是一门学问。弄清公司规定雇员最好多长时间以前提前向公司递送辞职报告，合同中是否涉及违约金状况。做好离职过渡期的安排，不要在最后的时间里和原公司起冲突。好聚好散是一个人最基本的职业道德，不要恶言冷语。

30岁以前，我们大概要经历两个阶段，一是职业探索阶段；二是职业发展阶段。我希望年轻人在探索阶段的时候，要以融入工作环境、适应竞争为主，少跳槽，降低职业探索成本；而在职业发展阶段，我希望每一个年轻人都能够跳槽一两次，找到自己适合的、有发展前景的工作。

第九章

找到做事诀窍，你就有了点石成金的能力

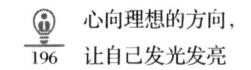

一个好点子可以让物品升值

在很多情况下，机会并不是一个悬在半空的金苹果，人人都看得到，只要跳得高还能摸到它。机会其实往往藏在"不可能"的后面，你有慧眼，它就在，你脑筋太死，它就是一片空白。每个正为自己的成功打拼的人，可以说"我的实力不够"，也可以说"我的经营技术还不完善"，这都是客观存在的因素，任何人都回避不了。但是你永远不能说"我没有机会"，这就是主观认知的问题，这样的人心底里根本就没有开拓的意念。只要有头脑、有眼光，谁都会有机会。

在一次思维拓展培训课上，老师给他的学生出了一道难题：一件价值50元的白色T恤，如何让它最大限度地增值？

同学们都低头思考。一位学生站起来回答："给它加一个高大上的包装，提升观感，价格就能提上来。"

老师轻轻地拍了下手，表示这种思路没有问题。下面的同学们开始活跃起来，一位学生说："给T恤印上流行语，或者是一些有趣味的句子，做成文化衫，就有自身的特色，一定能卖一个好价钱。"

大家七嘴八舌地出主意，只是这些主意还是围绕着T恤本身想出来的，大幅度提价还是有些困难。这时，一位一直没有发声的同学说："如果恰好有名人喜欢这种T恤就好了，我们可以把这个作为宣传点，只要文案写得巧妙，一定会使T恤升值。"

老师赞扬了这位同学，并提出疑问："假如这件T恤和名人明星都联系不上怎么办？还有别的法子将它卖出个大价钱吗？"

于是，又有一位同学站出来说："可以制造与这件T恤相联系的轰动效应，如请名人为它签字，或让它跟着宇航员周游太空等。"

开动发散性思维，一件普通的T恤也有巨大的升值空间。经营我们自己的人生，也是同样的道理。虽然我们都是一些平凡的人，但是每个人身上总有些与众不同的特点，你可能想象力丰富，也可能思维缜密；可能意志坚定、耐得住寂寞，也可能亲和力强、人缘超好。如果对这些特点等闲视之，它们也就是一种平常的性格特点而已，如果用心去发掘，说不定就可以围绕着它，创造出一种巨大的效益。

米勒太太是一家公司的清洁工，她是一个四十多岁、身材微胖的普通女人，但她有一个特点，那就是具有超强的亲和力。她喜欢聊天，在公司里上至总经理下至刚刚招来的小前台，米勒太太见了他们都能聊上几句。

作为一名清洁工，米勒太太的收入并不高，但现在她的其他收入已经高过工资好几倍。米勒太太利用自己人头熟的特点，打听公司里谁需要找钟点工，谁需要租房子，然后就当起了中介，收取中介费。米勒太太还把自己家的一套小公寓租给了公司里从日本来的工程师，星期天的时候，米勒太太会去那里做些简单的打扫工作，顺便教工程师学习英语口语。这些都是按小时收费的。此外，米勒太太借清洁工这个平台延伸出的另一项业务就是卖保险。她深知公司每一位员工的需求，总会有合适的险种推荐给他们，公司的一个同事，就跟她买了好几万块的保险。米勒太太虽然仅仅是一名清洁工，但是她整合资源的能力一流，她能够非常敏锐地发现利润的来源、寻找适当的客户、选择合理的沟通方法以及适时地转变经营项目。

我们的头脑里往往有一个误区，以为在现代社会成名获利，都要以足够的物质基础为后盾。事实上，思路决定财富并不是一句空话，只要头脑灵活、感觉敏锐，就可以影响财富的流向。当我们进入市场经济、知识经济时代的时候，富人致富，靠的是他们的头脑。穷人和富人，首先是脑袋的距离，然后才是口袋的距离。

很多人做事倾向于用他们的手，用他们的脚，用他们学过的专业技术，唯独不用他们的大脑。因为不善于思考，所以就不能做出改变，所以就踏不上成功的台阶。

思维是一切竞争的核心，因为它不仅会催生出创意，指导实施，更会在根本上决定成功与否。它意味着改变外界事物的原动力，如果你希望改变自己的状况，获得进步，那么首先要从改变思维开始。

认识到创意思考的巨大能量之后，我们有必要立即行动起来，寻求能为自己带来成功的契机。这并不是障碍重重、难以下手的事儿，据心理学家验证，如果一个人对某件事念念不忘，那么他无论看到什么、听到什么都会与自己的所思联系起来，然后他很快会摸清事情的来龙去脉，找到解决问题的突破口。同样，假如你对金钱保持热望，自己的一切生活积累都在为将来如何赚钱做准备，把自己日常接触到的信息都和当前的赚钱事业挂钩，那么成功最终将确凿无疑地属于你。

调动你的大脑，才有可能产生好的想法

《孙子兵法》曾说："凡战者，以正合，以奇胜。"我们做事情的时候也需要借鉴出奇制胜的招数，多用发散思维、逆向思维、跳跃思维等思维方式，抛开心中的一切成见，调动脑子里的所有细胞，快速地运转，才有可能产生好的想法。一些精明的商家在情人节卖玫瑰花的创意，可以给我们一些启示。

1.卖稀缺

有一种产自荷兰的玫瑰花，叫作"蓝色妖姬"，它的价格比

普遍的玫瑰花高出数倍。因为市面上通常见到的玫瑰花都是红、白、黄、粉红等几种颜色，纯蓝色的玫瑰花非常罕见，物以稀为贵，价格自然就上来了。另外，"蓝色妖姬"这个名字，本身就含有神秘、浪漫的意味，可以激起人们的购买欲望。

2.卖服务

玫瑰花是情节人的专属礼品，不管是对于热恋中的情侣还是对于求爱的对象，玫瑰花都是表达爱意的一种介质。消费者在送给爱人玫瑰花的时候，总想体现一种特别的意义。精明的商家自然不会忽略这一点，他们将数量不等的玫瑰花塑造成各种造型，而每种造型又都被赋予了不同的寓意。另外，更有贴心服务，如即时配送、代写卡片等，对于那些终日忙碌，而又一心想给爱侣一份节日惊喜的都市白领来说，这一招对他们非常适用。

3.卖优惠

很多信誉好的花店，会顺势推出情人节玫瑰花期货服务。花店标出花朵或花束的价格，接受情人节预订。对于送花的人来说，由此可以规避当天玫瑰花价格飞涨或者是缺货的风险，自然大为欢迎。

在现代化社会里，人们有更充裕的金钱追求物质享受，正是因为如此，也就需要更多勇于创新的人，来创造更多更加新奇的能够赚钱的东西。例如，怎样使沙发坐起来更舒服？怎样使衣服穿起来更舒适、好看？怎样使吃的东西更加方便和美味可口？等待创新和改进的东西太多，我们唯有把握机会才能创造财富，取得成功。有位企业家总结自己的成功经验时说："我庆幸自己与别人比有独创性的构想，做别人看不到和不能做的事，才能成功。"

当某个人在新开辟的路上走向成功之后，人们便认为这是一条成功之路。于是很多人都挤向这条路，由于人多的缘故，此路便形成堵塞现象。这时候，聪明人总是能够再找一条路，由于这条路是新开辟的，多数人还不认识这条路，所以畅通无阻，于是聪明人又先一步到达成功的终点。等多数人再到达期望的终点时，成功的果实已被摘走。

某市的房地产公司中，有两家企业规模不相上下，市场定位也差不多，它们既是合作伙伴，相互之间也存在竞争关系。年初的时候，两家公司都想在东南方郊区投资房地产，并各自派人前去考察。在公司的论证会上，第一家企业得出的结论是："那里人口稀少，且距离市中心太远，交通不方便，不属于'热地'，房子建好了销售并不看好，会影响公司资金周转，应该放弃这个项目。"而另一家企业在详细考察之后，却得出结论："该地虽然人口稀少，但那里环境幽雅，人们厌倦了城市的喧哗，定会喜欢在那里生活。可以考虑在这里开发特色房产项目。"结果证明还是第二家企业眼光精准，随着城市包围农村，城里人越来越向往农村生活，尤其是一些农家乐，办得更是如火如荼。

真正有所成就的人，懂得创新，而不会因循旧制。如今的市场如战场般硝烟滚滚，谁有眼光，谁能够看到趋势，谁就能抢得先机。能够在充满不确定因素的环境中，看清事物的发展方向，走出属于自己的道路，离不开高瞻远瞩的洞察力和创新思想，有了这种能力，才有可能在做事上比别人快"半拍"。

要想成功，必须另辟蹊径，另找一条路子，不能随波逐流，要摆脱跟随的习惯。要做到这一点，其实并不是十分的困难，有志于创立一番事业的人，完全可以从日常生活开始，有意识地培养和训练自己的创新思维。如果你有了想法，不管是什么样的想法，你都应当表达出来。如果是独自一人，你就对自己表达一番；如果你身处群体之中，不妨告诉其他人共同进行探讨。时间久了，你的头脑会更加灵活，眼光会更加敏锐，在平庸的人群中脱颖而出是必然的结果。

快人一步，抢占行业的先机

那些赤手空拳打天下，并最终确立了自己地位的人，大都是一些敢作敢为的冒险者。胆子是成功的条件之一，但在创立事业的过程中，仅仅是胆子大还远远不够。和"胆量"相匹配的是"见识"，也就是说要建功立业，不但在于"看准了就去做"，更重要的是"看得准"。这就包括要看准潮流形势，看准事物的发展方向。真正具备成功素质的人，从来都相信命运靠自己掌握，他们敢冒风险，但他们同时也时刻在研究可能出现的后果。他们做他们所能做的一切，以提高获取回报的可能性。他们认真准备、制订计划，以获取成功。

美国大富翁詹姆斯，年轻的时候尝试过很多行业，他一直在寻找让自己腾飞的机会。终于有一天，他以便宜价格购得一个矿区，这是一个富矿，每天可以产出数千桶的原油，詹姆斯很快进入富人的行列。

詹姆斯的运气让人嫉妒，周围的人都说："这是个幸运的家伙！"詹姆斯是幸运儿，但是他的运气却不是凭空掉下来的。实际上，石油的钻探成功率很低，钻1000口井，其中有石油的大约只有200口，而钻出的石油能够卖出获利的只有5口，整个算下来只有0.5%的概率。当时大多数的钻油者都抱着一种投机的心态，期待着那张金光灿烂的大馅饼恰巧砸在自己身上。而詹姆斯不但创业有灵感，也在努力学习地质知识，更认真地听取专家的意见，尽量从各方面收集资料选定矿区。从这个角度看，詹姆斯是有资格成为富人的。

财富绝对不会对懦弱者微笑的，同样，对于有勇无谋的莽汉也不会有兴趣。幸运从来都掌握在自己手里，知难而进，把劣势经营成优势，以优势带动另一种优势的运筹思想，就是一幅现代商业社会的寻宝图。那些有做大生意素质的人，头脑里四个重要问题必须是非常明晰的：我现在的位置在何处；我下一步的发展规划是什么；我将如何做到这一点；我何时做到这一点。有了明确的商业计划，在经营的过程中，才可以避免那种被客观环境、外部影响牵着鼻子走的盲目性。

赚钱是大胆决策和用心经营的必然结果，绝非误打误撞的"大运"。他们大胆果断的"冒险"背后，是深谋远虑的筹划与安排。

当年金庸以一个武侠小说作家的身份站出来办《明报》，许多人都为他担忧，甚至有些人等着看他笑话。其实在金庸先生自己看来，这背后也是有谋略支撑的。写小说的稿费，可以作为办报的启动资金；此前他为别的报纸写的国际政治述评和武侠小说连载很受欢迎，为刺激报纸销量，尽可以转在《明报》上发表。另外，针对香港市民的爱好，《明报》专门开辟了娱乐版面，相信可以吸引一大批读者。有了这样细致的前期准备，放心大胆地选择自己的新目标当然是没有问题的。人生需要谋划，事业需要谋划，生活中的方方面面都需要谋划。可以说，不会谋划的人，就不会有成功的人生。只有采用独树一帜的策略，才能获取独掌乾坤的伟业。

成功要巧于"借力"，精于"借智"

遇到难以解决的问题，与其死盯住不放，不如把问题转换一下，化难为易，达到解决问题的目的。不聪明的人会把简单的问题复杂化，而聪明人可以把复杂的问题简单化。

当然，通向成功的大道，绝不止思维变通一种方式，但是突破常规的变通思维能力，却是每一个渴望成功的人所必须具备的。它缩短了行动与目标之间的距离，只有拥有灵活变通的思维能力，并将之与具体行动相结合，它的匠心独具、别出心裁，往往才能为你实现理想做出独创性的贡献。

法国南部的一个小城里，有一家公立的图书馆，它规模不大，但却很受小城居民们欢迎，很多人都喜欢来这里读书借书。

有一年，这儿又建了一个新的图书馆，原来的图书馆要搬家了，也就是说，所有的图书都要从旧馆搬到新馆去。这可是一个庞大的工程。图书馆工作人员在一起讨论搬运方案，准备找一家货运公司全权负责，可这样一来，要支付一笔很大的搬运费，图书馆的预算根本不够。怎么办？这时有人向馆长出了一个好点子，问题顺利解决。

图书馆在本地报纸上登了这样一个广告："从即日开始，每个市民可以免费从图书馆一次性借10本书，限于××年××月××日之前归还到我馆新址。"然后把新图书馆的地址附在

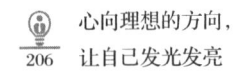

后面。

结果,许多市民蜂拥而至,没几天,就把图书馆的书借得差不多了。工作人员只需在新馆等着市民还书。就这样,图书馆借用众人的力量完成了搬书任务。

借力发挥为聪明人的谋胜之术。如果一个人能细心观察身边的事物,并能够把握彼此之间进退的尺度,在必要的时候借力发挥,平衡一下各个方面的力量,自然会更利于事情的进展。

成功者大都是善于借用别人之"力"、巧借别人之"智"的高手。他们懂得虽然做任何事情都不可能一步登天,需一步一个脚印,但是,取得成功的办法多种多样,只要办法得当,便可快捷省力。巧于"借力",精于"借智",是成功的一大诀窍。

云涛家庭条件不好,他念完高中后没有继续升学,而是自己做点小生意补贴家用。他做事踏实,头脑灵活,生意做得还算不错,手里也积攒了一些启动资金,就想结束这种打游击状态,找一个自己喜欢的行当干下去。

当时各种民营的快递公司刚刚起步,云涛看准了形势,决定找一家信誉好的公司加盟,代理本地的快递业务。和快递公司谈好意向后,云涛就开始寻找合适的地点准备开张。他在找房子的时候,发现一栋三层旧楼房正在整体招租。这栋楼房是一家事业单位的旧办公楼,地段不错,租金也不高。看完这栋楼，他决意全租下来。家里人觉得设个快递点，只租两间房子就足够了，整栋楼根本吃不消，再说手里的钱也不够付租金，都劝他打消这个念头。但云涛还是认准了这件事。

几番周折后，云涛和对方谈定15万的年租金。他拿出5000元钱交了定金，签订了租房合同，然后就开始四处找人凑钱。一个星期后，他自己的全部积蓄加上借来的钱终于凑够了6万元。他把这6万元交给对方，请求再给他些时间，如果一个月内他交不清，已经交上的那些就不要了，算是赔偿金。他的热情和诚意获得对方赏识，使他顺利拿到装修钥匙。装修期间，他就以翻番的价格，转租了好几间。等到装修完毕，他不但交清了房租，连装修钱也凑齐了，公司也搞了起来。

像云涛这样的人，没钱也要投资，不管遭遇多少波折是注定要成事的。而很多有知识、有能力的人，却一天天虚度年华，生活没有一点起色。这些人缺少的就是成功的野心及无论如何都要往前走的思维方式和性格。

我们做一件事情之前，首先要抓住重点，做好全方位的准备，只有各项准备做到位，深思远虑，规划好，落实好，才能够为下一步事情的展开打好基础，人生的事业才能够健康、迅速地发展下去。切忌走一步看一步，这样下去的结果往往就会成为人生的败笔，留下无穷的遗憾。做事有章程，能随机而变，就要求我们越到紧要关头，越要沉着冷静。全面分析所有的不利因素和有利因素，一方面，最大限度地利用一切可以利用的有利因素，使有利因素的效力得以全面发挥；另一方面，则要不放过任何一个机会，因势利导，这样才能够在困窘之中甚至陷入绝境时，沉着应对，化不利因素为有利因素，由被动变主动，由此找出反败为胜的机会。

抓住主要矛盾，解决重点问题

古往今来，许多成功者既不是那些最勤奋的人，也不是那些知识最渊博的人，而是一些善于思考的人。思考在很大程度上决定着一个人的行为，决定着一个人学习、工作和处世的态度。可以说，思考决定着一个人的前途和命运。

我们在处理一些重大事件之前，先要理顺思路，找到其中的关键所在，就能起到事半功倍的效果。俗话说：打蛇打七寸。打到了蛇的"七寸"，毫不费力就能将它打死，这里的"七寸"就是蛇的死穴，也就是平时我们说的关键点。分清主次，确立中心，其根本目的就在于使目标更加明确力量更加集中。集中力量打击主要目标，这样就能多一份成功的把握，甚至可以稳操胜券。

理顺了关键的问题，处理事情还要有抓核心的本事。我们

第九章
找到做事诀窍，你就有了点石成金的能力

要能够看透纷乱的表象，找到事物的主要矛盾，做出正确的决策，下大力气去解决，就好像在前进的路上，遇到了一块阻路的大石头，搬开这块石头，再往前走就能够畅通无阻。

清朝末年，杭州有一家全国知名的大药店，按照当时行业的惯例，药店设了一个"阿大"，也就是总经理，设了一个"阿二"，也就是副总经理。阿大全面负责药店的经营业务，阿二则专管药材的采买。在职位上，自然是阿大高一级，但是药店的药材采购经常需要出远门，采买事务只能由阿二独立做主。这样一来，阿大、阿二就很容易在药材的价格、质量上产生分歧。

有一次，阿二从东北采购回一批鹿茸、人参等贵重药材。由于边境战乱，这一年的药材质量比往年要次一等，但价格却比往年高出许多。回家验货的时候，阿二被不了解情况的阿大指责办事不利，阿二心中十分不平，于是两人争执起来，最后一直吵到东家那里。

东家对他们分别做了一番安抚之后，留下他们一起吃晚饭，剑拔弩张的局面得到缓和。这时候，东家根据药店经营的特殊性，对阿大、阿二各自的职责重新做了调整。他打破药店设阿大、阿二，由阿大负责全盘的传统，规定由阿二独立全权负责采购药材，从价格、数量到质量一应事宜，像阿大一样，直接对药店东家负责。原来的阿大，现在是管理药店经营的阿

大,阿二则成为进货阿大。如此调整,再没有出现以前那种争功推责任的扯皮现象,相反,两位阿大由于各自职责范围十分明确,反而各司其职、各负其责且相互合作,工作效率大大提高。药店的管理走向正轨,生意也越做越红火。

在战争中,抓住主要矛盾,找到决定战争胜负的关键点加以攻克,就能够势如破竹地击溃敌军。现实生活中也是如此,我们在想问题、抓工作、定策略的时候要能够突出重点,善于抓主要矛盾,切忌主次不清、眉毛胡子一把抓。海尔集团首席执行官张瑞敏曾经说过:"首先,作为企业的领导要有善于把握大局的能力。在眼前一大堆事情里,你能不能找出一个最关键的问题来,找出制约发展的根本问题来;在解决这个问题时,会不会对其他问题产生影响。这种很快抓住主要矛盾的能力,是企业领导必须具备的。"能够及时地解决问题的关键所在,才能使自己的计划一步步顺利实现。

关键时刻亮出底牌,往往能事半功倍

能成大事的人往往懂得见时机而行事,在自己力量尚无法达到自己追求的目标时,为防止别人干扰、阻挠、破坏自己的行动计划,故意制造假象,让别人看不透自己的底牌而始终心存忌惮。底牌之所以叫底牌，是因为它具有极大的隐蔽性和极强的实效性。要使自己立于不败之地，就要适应外界的变化，灵活地掩藏自己，观察时机，关键时刻再亮出底牌以赢得胜利。

康熙是清朝的第四位皇帝，他在位共61年，是中国历史上在位时间最长的皇帝。康熙一朝，奠定了清朝兴盛的根基，开创了康乾盛世的大好局面，康熙本人也被后世尊为"千古一帝"。

康熙之强并不是一开始就是如此，这里面也有一个由弱至强的演变过程。当年顺治帝驾崩，康熙即位时年方7岁，朝政由四个顾命大臣鳌拜、索尼、苏克萨哈、遏必隆四人把持，其中鳌拜自持军功，行事飞扬跋扈，完全不把少年皇帝放在眼里。

当康熙年满14岁时，按规矩可以亲理朝政，但是鳌拜却一点还政的意思也没有。康熙自幼雄才大略，自然不愿一直当傀儡。于是，他开始暗中增强自己的实力。他知道鳌拜在朝廷树大根深，如果不能一举将其拿下，很可能会激化矛盾，产生大乱子。为了麻痹鳌拜，康熙表面上一再容忍鳌拜，有时甚至装出畏惧鳌拜的样子，他还一再给鳌拜一家加官晋爵，连鳌拜的儿子也当上了太子少师。鳌拜经常称病在家，不上朝，康熙也听之任之，从来没有异议。

康熙的策略，是外松而内紧，他按照满清皇朝的规定，在满族权贵人家中间，选了一批身强力壮的子弟充当自己的贴身警卫。这些半大的孩子，跟皇帝年龄相仿，平日里天天在一起练习摔跤。有时候鳌拜进宫办事，他们也在一起玩闹，鳌拜眼见这少年皇帝如此顽劣，心里暗暗高兴，自然就放松了警惕。

康熙的童子军终于训练好了，他见时机已然成熟，就暗中安排下一条计策。一天，鳌拜进宫汇报政事，他依然像往日一般，大摇大摆，一副旁若无人的样子。来到皇帝的住处，就见平日那些孩子又在练习摔跤，一个个吃奶的劲儿都使上了，功夫却依然粗疏得很，素有"满洲第一勇士"之称的鳌拜对此一脸不屑。

不料那群孩子突然冲上前来，抱腰的抱腰，拧胳膊的拧胳膊，还有两个孩子紧紧地揪住他的辫子不放。初时，鳌拜还以为小皇帝跟自己闹着玩，等到一群孩子把他扳倒在地，他才觉得不大对头。这时他再要挣扎，已经迟了。鳌拜一下子被捆了个结结实实。

康熙将鳌拜打入大狱，在朝中公布了鳌拜十大罪状，让其彻底不能翻身。另外，他又不动声色地起用曾经被鳌拜打压的大臣，消解鳌拜在朝中的势力。曾经不可一世的鳌拜，就这样被少年皇帝康熙清理掉了。

康熙正是因为隐藏了自己的真正实力，麻痹了对手，才一举抓获强敌鳌拜，获得最终的胜利。

为人处世非有城府不足以立世，含蓄来自自我控制的转化之功。能够像冰山一样只露出一角，让人摸不透你的心思，你会自保无虞，而且具有强大的威慑力。要做之事莫讲出，说出的话莫照做，让人无法透视你的深浅，此为在社会上屹立不倒之法宝。正如兵书上所说的那样，自己在明处，对手在暗处，此为大忌也。相反，尽可能地忍让、克制自己的欲望和冲动，便可以起到后发制人的作用，可以在知己知彼的情况下，获得竞争中的主动权。

底牌的另一种作用，是不管前面的牌局如何变化，最后一道防线或者说最后的根本所在，要牢牢地把握在自己手里。

三国时期，魏主曹操和蜀主刘备的天下，都是自己亲手打下来的。打天下要用人，如何利用人才和控制人才，他们都有自己独到的功夫。

曹操一向以多疑著称，其实多疑只是曹操的一个侧面，真正面临抉择时，曹操绝非疑神疑鬼、草木皆兵的人。张郃与高览本是袁绍部将，官渡之战中，二人被袁绍的谋士郭图谗言陷害，袁绍怀疑二人有降曹之意，便派使者召二人回大营问罪。张郃与高览被逼无奈，索性拔剑杀了来使，真的带领本部人马投奔曹操去了。降将总难免受人怀疑，是真降还是诈降，曹营中人意见不一。此时，曹操发话，一言定乾坤，他表示："哪怕其怀有异志，我以诚意待之，时间久了，自然和我一心。"然后他吩咐大开营门，迎接二人归顺，封张郃为偏将军、都亭侯，高览为偏将军、东莱侯。二人大喜，到此时忐忑不安的心才放了下来。后来张郃在曹操帐下屡立功勋，于曹魏建立后加封为征西车骑将军。

刘备这边，也发生过类似的事件。当年刘备打下樊城后，收了个干儿子刘封。手下人担心刘备已经有亲生儿子，现在又收一个螟蛉义子，日后可能因弟兄争位引起祸乱。对此刘备却并不以为意，他说："吾待之如子，彼必事吾如父，何乱之有！"义无反顾地认下刘封。

这些枭雄人物在用人处世时自有一套自己的理论，那就是不论你出身微末还是来自敌对阵营，只要来投效，我就欢迎。如果日后反水，我自有法子治你。大原则既定，临事才不会翻来覆去、瞻前顾后，让身边人一个个都无所适从。

聪明人如果想得到别人的尊敬，就不应该让别人看出他有多大的智慧和勇气。让别人知道你，但不要让他们了解你；没有人看得出你天才的极限，也就没有人感到失望。让别人猜测你甚至怀疑你的才能，要比显示自己的才能更能获得崇拜。平常小事可以适当放松，只要把握最后的控制权就不会无故翻船。

参考文献

[1]梁爽.你来人间一趟,你要发光发亮[M].南京：江苏凤凰文艺出版社,2018.

[2]萧萧依凡.仅有一次的人生,就要酣畅淋漓地活[M].北京：中国友谊出版公司,2016.

[3]景天.别在吃苦的年纪选择安逸[M].南昌：江西教育出版社,2016.

[4]殷志诚.总有一个梦想我们愿意付出一生[M].青岛：青岛出版社,2013.